张鹤平　主编

林地养羊疾病防治技术

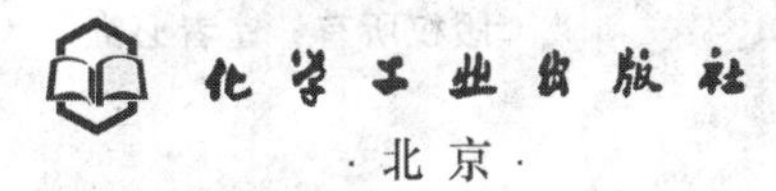

·北京·

图书在版编目（CIP）数据

林地养羊疾病防治技术/张鹤平主编．—北京：化学工业出版社，2016.7
ISBN 978-7-122-27116-7

Ⅰ．①林…　Ⅱ．①张…　Ⅲ．①羊病-防治　Ⅳ．①S858.26

中国版本图书馆CIP数据核字（2016）第111416号

责任编辑：邵桂林　　　　文字编辑：李　瑾
责任校对：宋　玮　　　　装帧设计：张　辉

出版发行：化学工业出版社（北京市东城区青年湖南街13号　邮政编码100011）
印　　装：大厂聚鑫印刷有限责任公司
850mm×1168mm　1/32　印张5¼　字数99千字
2016年10月北京第1版第1次印刷

购书咨询：010-64518888（传真：010-64519686）　售后服务：010-64518899
网　　址：http://www.cip.com.cn
凡购买本书，如有缺损质量问题，本社销售中心负责调换。

定　　价：20.00元

本书编写人员名单

主　　编　张鹤平

编写人员　张鹤平　刘建钗　乔海云

前　言

林地生态养殖生产的畜禽产品（蛋、肉）具有口味好、无农药残留等特点，属于绿色、生态产品，是广大消费者喜欢的放心、安全食品，消费市场需求巨大。目前全国各地林地生态养殖项目蓬勃发展，林地生态养殖畜禽成为各地大力发展的养殖方式。生产中养殖户对林地生态养殖的技术知识和先进技术需求迫切。

疾病防控技术是畜禽林地生态养殖技术的关键环节，关系到林地生态养殖的成功与否。由于畜禽林地养殖，尤其是生态散放养时畜禽生长环境相对开放，不同季节的气候条件各异，所以畜禽林地生态散放养与常规舍饲养殖相比，畜禽的发病规律有其特殊性，防治也具有难度性，防治方法不能完全照搬常规饲养条件下畜禽疾病的防治方法。畜禽林地养殖疾病的防治技术是当前养殖场（户）亟需的技术，但畜禽林地养殖疾病防控技术还不规范，涉及这方面的科技书籍也较少。

本书详细介绍林地生态养羊疾病防治技术，为林地生态养羊提供新的技术支持。我们根据近年来林地生态养羊的生产实践经验和科研积累的资料编写了本书，以期对从事林地生态养羊的养殖场（户）有所帮助。

由于林地养羊这项新技术还有待完善，加之笔者水平有限，书中疏漏之处在所难免，敬请广大读者批评指正。

编者

2016 年 4 月

目 录

第一章
概述

在适宜的林地条件下，利用林地、果园等种草养羊，将羊的生产纳入林业、农业系统中，形成林—草—羊生物链，从而把农、林、牧有机结合起来，实现资源的综合利用。利用经济林下种植优质牧草和林下天然牧草等作为羊的饲草，羊产生的粪便为林木、果树等提供肥料，使养殖业和农、林、果等农业种植生产结合起来，形成林—草—羊生物链，达到以林养牧、以牧促林的良好效果。林地为羊提供了空气清新的小环境，在炎热的夏季，还能减少阳光直射，为羊遮阳纳凉，林地的温度比外界温度平均降低2～3℃，为羊提供了适宜的生长环境。采取科学、规范生产，生产出安全、优质羊肉等产品，增加养殖收益。

我国林地面积广阔，充分利用林下土地资源和林荫空间，发展生态养殖，实现以林牧羊的良性循环，有良好的生态效应和经济效益，有广阔的市场前景。林地养羊的疾病预防和控制尤其重要，如何有效防治羊的疾病，是搞好林地养羊的关键。

第一节 林地养羊疾病综合防控技术

林地养羊的疾病防治，应严格贯彻“预防为主，防治结合”的方针，根据羊的发病规律与特点，采取综合性防治措施，降低发病率、死亡率，提高成活率，确保羊群健康和养羊生产的顺利进行。林地养羊疾病的综合防控措施有以下方面的内容。

一、场址选择、场内布局

林地养羊既不同于规模养殖场，又不同于一家一户传统散养，应该科学选择场址、场内合理布局。在非禁养区内选址，饲养的羊与其他畜禽之间要有隔离设施。场址选好后要根据疾病控制的需要对场内进行合理布局。有一定规模的养殖场应划分生活区、生产区、隔离区。一般养殖场应有防晒防寒的栖息场所（圈舍）、放牧（运动）场、病羊隔离治疗、粪便污物堆放、病死羊处理（高温、深埋、焚烧）等区域及设施设备。

1. 羊场规划

① 羊适合放牧群养。羊场周围必须具有适于放牧的草地，其草质和产量应能满足规模生产及羊场发展。

② 有良好水源，并有专用饮水场地。

③ 当地历史上未发生过家畜烈性传染病和寄生虫病。

④ 羊舍建在开阔高燥位置，其周围有一定面积供羊群活动和作为补饲场地。

⑤ 羊场应有剪毛、挤奶、药浴等专用设施和建筑。

⑥ 场区与放牧场距离适当，并有专用牧道。

2. 羊舍场址选择

（1）地势高燥、平坦、向阳　羊场所在地应当地势高燥、向阳背风、排水良好。地下水位要在2米以下，或建筑物地基深度超过0.5米。地面应平坦稍有缓坡，一般坡度以1%～3%为宜，以利排水。山区建场，应选在稍平缓坡上，坡面向阳，总坡度不超过25%，建筑区坡度在2.5%以内。地形应尽量开阔整齐，不要过于狭长或边角过多，这样在饲养管理时比较方便，能提高生产效率。切忌在低洼涝地、山洪水道、冬季风口建场。

（2）草料水的供应　羊场最好有一定的饲草饲料基地及放牧草地。没有饲草饲料基地及放牧草地的，周围应有丰富的草料供给，以降低饲料外购运输成本。以舍饲为主的地区及集中育肥肉羊产区，应建有充足的饲草料生产基地或充足的饲草料来源。

水源供水量充足，能保证场内职工用水、羊饮水和消毒用水等。水质优良，以泉水、溪水、井水和自来水较理想。水质必须符合畜禽饮用水的水质卫生标准，见表1-1。不要在水源不足或受到严重污染的地方建场。

表1-1　家畜饮用水水质标准　　单位：毫克/升

项　目		标准值
感官性状及一般化学指标	色/度	色度不超过30
	混浊度/度	不超过20
	臭和味	不得有异臭、异味

续表

项目		标准值
感官性状及一般化学指标	肉眼可见物	不得含有
	总硬度(以 $CaCO_3$ 计)	≤1500
	pH	5.5～9
	溶解性总固体	≤4000
	氯化物(以 Cl 计)	≤1000
	硫酸盐(以 SO_4^{2-} 计)	≤500
细菌学指标≤	总大肠菌群/(个/100 毫升)	成年畜 10,幼畜 1
毒理学指标	氟化物(以 F^- 计)	≤2.0
	氰化物	≤0.2
	总砷	≤0.2
	总汞	≤0.01
	铅	≤0.1
	铬(六价)	≤0.1
	镉	≤0.05
	硝酸盐(以 N 计)	≤30

当畜禽饮用水中含有农药时，农药含量不能超过表 1-2 中的规定。

表 1-2　畜禽饮用水中农药限量指标　　单位：毫克/升

项目	限值	项目	限值
马拉硫磷	0.25	林丹	0.004
内吸磷	0.03	百菌清	0.01
甲基对硫磷	0.02	甲萘威	0.05
对硫磷	0.003	2,4-D	0.1
乐果	0.08		

(3) 满足饲养品种的特殊需要　肉用种羊场或集中育

肥羊场，宜建在地势较为平坦、气候温和、饲草料资源丰富及具备屠宰加工条件的地区。气候潮湿地区的羊场，应选在中高山区或低山丘陵区建场，以防止腐蹄病和寄生虫的危害。

（4）交通便利　选择场址时要求交通便利，应考虑物资需求和产品供销，保证交通方便。场外应通有公路，但不应与主要交通线路交叉。场址应尽可能接近饲料产地和加工地，靠近产品销售地，确保有合理的运输半径。一般羊场与公路主干线不小于1000米。

（5）周围疫情　为防止被污染，羊场与各种化工厂、畜禽产品加工厂等的距离应不小于1500米，而且不应将养羊场设在这些工厂的下风向；远离其他养殖场；与居民点有1000米以上的距离，并应处在居民点的下风向和居民水源的下游。

（6）电力供应　靠近输电线路，以尽量缩短新线敷设距离，并最好有双路供电的条件。邮电通信方便，以便于保障对外联系。

2. 羊场的布局

羊场要分为生活管理区、生产区、草料加工区和隔离区四部分。根据当地全年主导风向和场址地势，由高向低顺序安排生活管理区—生产区—隔离区。

（1）生活管理区　生活管理区应安排在地势较高的上风处，最好能由此望到全场的其他房舍；生产区的羊舍朝向应有利于冬季采光或夏季遮阳；生产用的水塔应设在最高点；青贮塔、饲料仓库、饲料调制室应该靠近生产区。

病羊隔离室、贮粪池、尸坑等应位于羊舍的下风向，以避免场内疾病传播。

生活管理区与羊舍等建筑物的距离应较近，以方便管理。羊舍通往草料库、牧地等设施的交通也应以方便为宜，但应保持一定距离，以利于防火。

（2）生产区　生产区内建有各种用途的羊舍，一般分为种公羊舍、种母羊舍、产房、羔羊和育成羊舍、育肥羊舍等，从方便生产操作角度考虑，种公羊舍应靠近人工采精室，并与种母羊舍保持一定距离；种母羊舍与羔羊舍（或产羔舍）应相邻。羊舍间有一定距离。

（3）隔离区　病羊隔离室、贮粪池、尸坑等应设在羊舍下风方向。

在生产区、生活管理区的四周应建有绿化隔离带，以有利于改善场区小气候、净化空气、减少尘埃和噪声。贮粪池等不整洁区域应隐蔽或者在其前面种植灌木作为遮掩屏风。围栏、房舍等要经常维修，院落、道路、羊栏等应保持清洁，并定期消毒。净道、污道分开设置。

二、严格执行各项规章制度

林地养羊，不管饲养规模大小都要有与之相适应的疫病预防控制的规章制度，并将疫病控制措施贯穿于日常工作。常用的规章制度主要如下。

1. 饲养管理制度

包括各阶段羊的饲养管理。

2. 定期消毒制度

包括消毒人员、范围、时间、药物、方法、程序等内容。

3. 饲料、兽药、疫苗等物资管理制度

包括饲料、兽药、疫苗等物资的订购、保藏、使用。

4. 无害化处理制度

包括患病羊、疑似病羊的隔离、转移、诊断、治疗、粪便、污水、污染物、圈舍、死亡羊只及其产品的无害化处理等。

5. 疫病监测制度

包括疫病监测的病种、时间、比例。

6. 全进全出制度

包括同批次繁育或引进的羊实行同舍饲养、育成或育肥后同期转群、出栏等内容。

7. 隔离、检疫制度

(1) 隔离　隔离是防止疾病传播的第一道屏障，应做好羊场本身与外界环境的隔离、羊场内部新引进羊的隔离、人员的隔离以及病羊与健康羊的隔离等。

① 羊场与外界环境的隔离。

a. 在选址时，就应考虑到一个天然的大环境屏障，周边应无其他饲养场及肉类加工厂，与村庄以及主要公路相距至少 1 千米以上。

b. 与外面生物的隔离。严禁饲养猪、禽、犬、猫及其他动物，搞好灭鼠、灭蚊蝇和灭吸血昆虫等工作，控制有害生物。

② 新引进的羊的隔离。新引进的羊必须严格执行隔

离检疫制度，确认健康后方可入群。

③ 人员的隔离。养殖场内部分区明确，才能产生应有的防疫作用，特别是生产区的办公区域与生活区、生产区各区之间、净道污道划分清晰，避免形成一个防疫隐患区域。

a. 谢绝外来人员进入生产区参观访问，并在生活区指定的地点会客和住宿。

b. 生产人员进入生产区，要更换消毒过的专用的工作服和鞋帽后才能进入。工作服和鞋帽每次使用都要经过消毒。

（2）检疫　做好引进羊只的检疫，对羊及其产品进行疫病检查。建立一定的检疫制度，杜绝疫病的传播蔓延。羊从生产到出售，要经过出入场检疫、收购检疫、运输检疫和屠宰检疫。出入场检疫是所有检疫中最基本最重要的检疫，只有经过检疫而未发生疫病时，方可让羊及其产品进场或出场。羊场或养羊专业户引进羊时，只能从非疫区购入，经当地兽医检疫部门检疫，并签发检疫合格证明书；运抵目的地后，再经羊场或所在地兽医验证、检疫并隔离观察1个月以上，确认为健康者，经驱虫、消毒，没有注射过疫苗的还要补注疫苗，方可与原有羊混群饲养。

羊场采用的饲料和用具，也要从安全地区购入，以防疫病传入。

三、加强饲养管理，注意环境卫生

1. 加强饲养管理

加强饲养管理，环境卫生应执行严格的畜禽卫生制度，提高羊群的健康水平和对外界致病因素的抵抗力。

在饲养方面，满足羊的营养需要，根据羊的不同品种、不同年龄、性别、生理发育阶段、不同季节以及对营养成分的不同要求，调整饲料的营养水平。

① 定时、精心饲喂。固定饲料饲喂时间，不盲目饲喂。每次饲喂时间固定，每次间隔的时间尽可能相等，以有利于羊形成良好的反射条件，有利于羊规律性地采食、反刍和休息。按粗饲料—青饲料—精饲料—多汁饲料的顺序饲喂，少喂勤添，让羊一次吃饱即可。

经常观察羊的采食情况，粪便形状和气味、颜色以及羊的精神状态，搞好防病治病。给羊喂的饲料要新鲜、清洁、保证质量，营养成分要达到要求，不喂腐烂、霉变的饲料和饲草。

② 应根据农区、牧区草场的不同情况，以及羊的品种、年龄、性别的差异，分别编码放牧。为了合理利用草场，减少牧草浪费和减少羊群感染寄生虫的机会，应推行划区轮牧制度。羊的营养需要主要来自放牧，但当冬季草枯，牧草营养下降或放牧采食不足时，必须进行补饲，特别是对正在发育的幼龄羊、怀孕期或哺乳期的成年母羊进行补饲尤其重要。种公羊如仅靠平时放牧，难以满足营养需要，在配种期间则更需要保证较高的营养水平，因此，种公羊多采取舍饲方式并按饲养标准喂养。

2. 搞好环境卫生

① 养羊的环境卫生好坏与疫病的发生有密切关系。应保持羊舍、羊圈、场地及用具清洁、干燥，每天清除圈

舍、场地的粪便及污物，将粪便及污物堆积发酵，30天左右可作为肥料使用。

② 老鼠、蚊、蝇等是病原体的宿主和携带者，能传播多种传染病和寄生虫病。应当清除羊舍周围的杂物、垃圾及乱草堆等，认真杀虫、灭鼠。

③ 经常对羊只活动场地进行清扫、消毒，饲养结束可对林地进行深翻。保持适宜的羊舍温度、湿度、风速，减少羊舍有害气体和病原微生物的含量，给羊提供良好的环境，保证羊只健康。羊场内设净道和污道。不能乱扔死羊，要进行深埋或焚烧，羊舍清理的粪便要及时运走，进行发酵或烘干处理。

3. 重视饲料和饮水的清洁卫生

保持饲草清洁、干燥，不能用发霉的饲草、腐烂的粮食喂养羊只；饮水也要保持清洁，不能让羊饮用污水和冰冻水。

4. 圈舍消毒，保持清洁

定期对羊舍进行消毒，降低舍内空气中的微粒和病原微生物的含量。圈舍每天要用机械法（对畜禽圈舍采用清扫、冲洗、洗刷等手段将其中的粪便、垫草、饲料残渣清除干净）消毒1次，保持清洁、干燥。

5. 冬季防寒保暖，夏季防暑降温

6. 食槽和用具要保持清洁

7. 定期驱虫

根据寄生虫病的发病规律和流行特点，有计划地进行定期驱虫。

8. 及早、及时发现疫情

经常检查羊群疫情，发现病羊或可疑羊只应及时进行确诊治疗。

9. 灭鼠、灭蝇

做好灭鼠、灭蝇工作，防止疾病传播。

四、发生疫情时的措施

养羊发生疾病时，必须及时进行诊断，以尽快确定病因和病性。当羊群出现异常表现时，首先对其进行临床检查、病理剖检和流行病学调查，以初步确定羊群发生疾病的性质，如传染性、营养代谢或中毒性等。其中某些疾病可以根据这些诊断的结果加以确诊。如果发生的疾病是传染病或寄生虫病，应及时采取必要的隔离、治疗或封锁措施，防止疫病不断向外围传播蔓延。

1. 病料的采集和送检

羊群发病时，由于有些疾病，特别是一些传染性疾病的临床症状、剖检变化和流行特征等基本相似，根据流行病学、症状和病理剖检 3 种方法无法进行确诊的，必须迅速采集病料送有关实验室进行确诊。

2. 发病羊的隔离

为防止疾病在本场内的继续扩散和传播，必须建立病羊隔离舍，将患有疾病的羊，一律转入隔离舍，隔离饲养、治疗。

(1) 病畜　包括有典型症状或类似症状，或其他特殊检查阳性的家畜。凡是挑选出来的病畜应隔离在远离正常家畜、消毒处理方便、不易散播病原体并处于养殖场下风向的密闭房舍内饲养。

患病家畜的隔离舍应由专人负责看管，禁止其他人员接近，内部及周围环境应经常性地消毒。隔离舍内的病畜应用特异性抗血清或抗生素及时治疗，加强饲养管理。内部的用具、饲料、粪便污物等未经彻底消毒处理不得运出。

(2) 可疑感染家畜　无任何症状，但与病畜及其污染的环境有过明显的接触如同群、同槽、同牧等，这类家畜有可能处在潜伏期，有排菌（毒）的危险，应在消毒后另选地方隔离、限制其活动，观察，出现症状按病畜处理。经一定时间不发病者，可取消隔离。

(3) 假定健康家畜　除上述两类外，疫区内的其他家畜都属于此类。应与上述两类家畜严格隔离饲养，加强防疫消毒和相应保护措施，立即进行紧急接种。

3. 封锁

封锁的目的在于将发病的羊场或地区封锁起来，阻止病原体向周围地区传播，最终将疫病控制在很小的范围内就地消灭。

当羊场发现疫情，经诊断为口蹄疫、炭疽等一类传染病或该场或地区以前未曾发生过的疫病时，应立即报请当地县级以上人民政府，划定疫区范围建立封锁区，发布封锁令，并报上一级人民政府备案。凡正在发病的地方，应划为“疫区”加以封锁。疫区周围可能受到传染的地带，则划为“受威胁区”。

疫区封锁的一般要求如下。

① 将疫区内的羊群进行临床检查，分群隔离；病羊要根据具体情况就地剖杀，病、死羊的尸体应进行合理的焚烧或深埋；污染的场地和用具应进行彻底消毒。

② 病羊、疑似病羊要就地集中隔离、设疫点，除经过严格消毒的饲养人员、兽医人员可以进出疫点外，其他人、畜均不得出入疫点，里面的物品不得带出；疫点所在的自然村、羊场的路口（门口）要设立消毒池和监督岗哨，人员出入消毒，暂时不准外人、畜进村进场。

③ 封锁区内暂停家畜集市交易，禁止采购、运出羊和易感家畜及其产品。由封锁区外出的人员和车辆，或需要运出非易感家畜及其产品时，均应进行严格的消毒；封锁区边缘的交通要道要设立检查消毒站，对过往车辆和人员进行消毒处理。

④ 封锁区、受威胁区内的所有健康易感羊和其他易感家畜均应实行紧急预防接种以建立“免疫带”。

五、消毒

消毒是羊场防止传染病发生的最重要环节，也是做好各种疫病免疫的基础和前提。消毒的目的是消灭被病原微生物污染的场内环境、羊体表面及设备器具上的病原体，切断传播途径，防止疾病的发生或蔓延。

1. 消毒分类

消毒按其进行的时间及性质，可分为经常性消毒、定期消毒及突击性消毒。

（1）经常性消毒　为预防疾病对饲养员和饲养设施及用具进行消毒。如工作衣、帽、靴的消毒；在羊场出入门口、羊舍门口设消毒池（槽），对经过的车辆或人员进行消毒。

（2）定期消毒　对周围环境、圈舍、设备用具如食槽、水槽（饮水器）、注射器、针头进行定期消毒。

（3）突击性消毒　发生传染病时，为及时消灭病羊排出的病原体，对病羊接触过的圈舍、设备、用具进行消毒，对病羊分泌物、排泄物及尸体进行消毒。防治羊病时使用过的器械也应做消毒处理。

2. 消毒方法

（1）机械性清除　用清扫、铲刮、洗刷等方法清除灰尘、污物及沾染在场地、设备上的粪尿、残余饲料、废物、垃圾，减少环境中的病原微生物。可提高使用化学消毒法的消毒效果。

在进行消毒前必须进行彻底的清扫，对清扫不彻底的羊舍进行消毒，即使用高于规定的消毒剂量，效果也不显著，因为除了强碱（氢氧化钠溶液）以外，一般消毒剂，即使接触少量的有机物（如泥垢、尘土或粪便等）也会迅速丧失杀菌力。消毒以前的场地应保持干净。据试验，采用清扫方法，可使畜舍内的细菌数减少 20％左右，如果清扫后再用清水冲洗，则畜舍内的细菌数可减少 50％以上，清扫、冲洗后再用药物喷雾消毒，畜舍内的细菌数可减少 90％以上。

（2）通风换气　通风可以使舍内空气中的微生物和微

粒的数量减少，同时通风能加快水分蒸发，使物体干燥，缺乏水分，致使许多微生物不能生存。

（3）物理消毒法

① 阳光。直射阳光具有较强的消毒作用，其光谱中的紫外线波长在240～280纳米，有较强杀菌能力。一般病毒和非芽孢的菌体，在直射阳光下，只需几分钟到1小时，如口蹄疫病毒经1小时、结核杆菌经5～8小时，就能被杀死。即使是抵抗力很强的芽孢，在连续几天的强烈阳光下，反复曝晒也可变弱或杀死。利用直射阳光消毒牧场、运动场及可移出舍外、已清洗的设备与用具，经济又简便。

② 高温消毒。高温消毒主要有火焰、煮沸与蒸汽三种形式。

a. 火焰喷射。从专用的火焰喷射消毒器中喷出的火焰具有很高的温度，能有效杀死病原微生物。常用于金属笼具、水泥地面、砖墙的消毒。火焰可用于直接烧毁一切被污染而价值不大的用具、垫料及剩余饲料等。可以杀灭一般微生物及对高温比较敏感的芽孢，是一种较为简单的消毒方法，对铁制设备及用具、土墙砖墙水泥墙缝等可用此方法。但对有些耐高温的芽孢，如破伤风梭状芽孢在160℃时能活15分钟，炭疽杆菌芽孢在160℃时能活1.5小时，使用火焰喷射器靠短暂高温来消毒，效果难以保证。

b. 煮沸与蒸汽。煮沸与蒸汽的消毒效果比较确实。如烘箱内干热消毒、高压蒸汽湿热消毒、煮沸消毒等，主要用于衣物、注射器等的消毒。

（4）化学消毒法　利用化学消毒药使其与微生物的蛋白质产生凝结、沉淀或变形等作用，使细菌和病毒的繁殖发生障碍或死亡以达到消毒目的。

① 化学消毒剂的选择。

a. 了解消毒剂的适用性。不同种类的病原微生物构造不同，对消毒剂反应不同，有些消毒剂为“广谱性”的，对绝大多数微生物具有几乎相同的效力；也有一些消毒剂为“专用”的，只对有限的几种微生物有效。在购买消毒剂时，须了解消毒剂的药性。

b. 消毒力强，性能稳定。

c. 毒性小、刺激性小，对人畜危害小，不易残留在畜产品中，并对羊舍、器具等无腐蚀性。

d. 价廉易得，易配制和使用。

② 化学消毒时应注意的问题。消毒药的作用机理，一是药物为菌体细胞壁所吸收，破坏菌体壁；二是药物渗入细胞的原生质或与细胞中的成分起反应，使菌体的蛋白质变性；三是药物包围菌体表面，阻碍呼吸使之死亡。

现场消毒时要保证实效，除选择杀菌力强、效力较高的消毒药外，还必须注意消毒现场的环境，以有效的方法进行彻底消毒。首先要清除污物，特别是粪便要清除干净，否则效果不理想；其次要彻底清洗，可先用水冲洗，然后干燥，最后喷洒消毒药，也可用刷子除去污物，再使用大量消毒力强的药液，用高压动力喷雾器喷洒羊舍。

③ 消毒药物的使用方法。

a. 喷雾法或泼洒法。喷洒地面、墙体、舍内设施等，将消毒药配制成一定浓度的溶液，用喷雾器对需要消毒的地方进行喷雾消毒，或直接将消毒药泼洒到需要消毒的地方。

b. 擦拭法。用布块浸沾消毒药液，擦拭被消毒的物体。如对笼具的擦拭消毒。

c. 浸泡法。主要用于器械、用具、衣物等的消毒。一般将被消毒的物品洗涤干净后浸泡于消毒药液内，药液要浸过物品，浸泡时间较长为好。可在羊舍门口设消毒槽，用浸泡药物的草垫对人员的靴、鞋等进行消毒。

d. 熏蒸法。用于密闭羊舍的消毒。常用福尔马林配合高锰酸钾按一定比例混合对羊舍进行熏蒸消毒。

羊舍熏蒸消毒用药量为，每立方米房舍空间需福尔马林15～45毫升、高锰酸钾7.5～22.5克，根据房舍污染程度和用途不同，使用不同的药量。用药时，福尔马林用量（毫升）与高锰酸钾用量（克）的比例为2∶1，以保证反应完全。羊舍和设备在熏蒸消毒前要清洗干净，消毒时先密闭房舍，然后把福尔马林倒入容器内（容器的容量为福尔马林用量的10倍以上），再放入高锰酸钾，两种药品混合后马上反应而产生烟雾。消毒时间为12小时以上，消毒结束后打开门窗。

熏蒸消毒必须有较高的气温和湿度，一般室内温度不低于20℃，相对湿度为60％～80％。

（5）生物消毒法　系利用生物技术将病原微生物杀灭或清除的方法。如对粪便进行堆积发酵产生一定的高温可杀死粪便中的病原微生物。

3. 影响消毒效果的因素

(1) 消毒剂浓度　消毒剂必须按照要求的浓度配制和使用。浓度过高或过低都会影响消毒效果。

(2) 消毒剂温度　大部分消毒剂在较高温度下消毒效果好，如羊舍熏蒸消毒时温度低于16℃则没有效果。个别消毒剂温度升高杀菌力下降，如氢氧化钠等。

(3) 时间　消毒剂与被消毒对象要有一定的接触时间才能发挥最佳消毒效果。

(4) 酸碱度　酸碱度的变化可影响某些消毒剂的作用。碘制剂、酸类、来苏尔等阴离子消毒剂在酸性环境中杀菌作用较强，而新洁尔灭、戊二醛等在碱性环境中杀菌力较好。

(5) 病原微生物敏感性　病原微生物对不同消毒剂的敏感性差异较大。病毒对甲醛、碱的敏感性高于酚类。

(6) 化学拮抗物　排泄物、分泌物等妨碍消毒药物与病原微生物的接触，影响消毒效果。在消毒前，要将需消毒物先进行清洗、清扫，去除有机物质，以保证消毒效果。

4. 常用的化学消毒药

常用消毒药有氢氧化钠（火碱）、草木灰、石灰乳（氢氧化钙）、漂白粉、克辽林、石炭酸、高锰酸钾、氨水、碘酊等，这些常用消毒防腐药因性状和作用的不同，消毒对象和使用方法也不一致，应根据需要选择合适的药物。

(1) 氢氧化钠（火碱）　市售火碱含94%氢氧化钠，

为白色固体，在空气中易潮解，有强烈腐蚀性。本品杀菌、杀病毒作用较强，常用于病毒性感染和细菌性感染的消毒，对寄生虫有杀灭作用。2%～5%水溶液用于羊舍、器具和运输车辆消毒。

（2）生石灰　为白色或灰色块状物，主要成分是氧化钙。加水后放出大量热，变成氢氧化钙，以氢氧根离子起杀菌作用，钙离子也能使细菌蛋白变质。生石灰加水制成10%～20%乳剂用于羊舍墙壁、运动场地面消毒，生石灰可在羊舍地面撒布消毒，消毒作用可持续6小时。

（3）漂白粉　干粉或5%的漂白粉液用于羊舍地面、排泄物消毒，临用时配制，不能用于金属用具消毒。

（4）过氧乙酸溶液　无色透明溶液，呈弱酸性，易挥发，有刺激性气味，并带有醋酸味。杀菌作用快而强，抗菌谱广，对细菌、病毒、霉菌和芽孢均有效。0.04%～0.2%水溶液用于耐酸用具的浸泡消毒；0.1%～0.5%溶液用于畜禽体、羊舍地面、用具消毒。

（5）克辽林　由粗制煤酚、肥皂、树脂和氢氧化钠混合加温制成的暗褐色液体，以水稀释时即成乳白色。用于羊舍、用具和排泄物的消毒。

（6）新洁尔灭　为淡黄色胶状液体，易溶于水。为季铵盐类表面活性剂，有杀菌和去污作用，对化脓性病原菌、肠道菌及部分病毒有较好的杀灭作用，对结核杆菌及真菌的效果较差，对细菌、芽孢一般只能起抑制作用，通常对革兰阳性菌的杀灭能力较对革兰阴性菌为强。0.05%～0.1%水溶液用于手术前洗手及皮肤黏膜消毒，0.15%～

2%的水溶液用于羊舍空间的喷雾消毒。

(7) 菌毒敌　为复合酚消毒药物，喷洒或浸泡杀灭病毒、细菌、霉菌及多种寄生虫卵。按1∶300用水稀释对羊舍消毒，1∶100用水稀释用于特定传染病及运输车辆消毒，禁止与碱性药物配伍使用。

(8) 福尔马林（甲醛溶液）　为无色带有刺激性和挥发性液体，内含40%的甲醛，杀菌力强，1%～1.25%的福尔马林溶液在6～12小时能杀死细菌、芽孢及病毒，主要用于羊舍、仓库及设备消毒。

(9) 高锰酸钾溶液　为暗紫色结晶，易溶于水。杀菌能力较强，能凝固蛋白质和破坏菌体的代谢过程。2%～5%的水溶液用于饲养用具的洗涤消毒。生产中常利用高锰酸钾的氧化性能来加速福尔马林蒸发而进行空气消毒。

(10) 酒精　70%酒精常用于注射部位、术部、皮肤的涂擦消毒和外科器械的浸泡消毒。

(11) 碘酊　为碘与酒精混合配制的溶液，常用的有3%和5%两种。杀菌力强，能杀死细菌、病毒、霉菌、芽孢等。常用于注射部位、术部、皮肤、器械的涂擦消毒。

5. 羊场的消毒制度

(1) 人员消毒　进入养殖场区的人员，必须在场门口更换靴鞋，并在消毒池内进行消毒。饲养人员更换衣物，穿戴清洁消毒好的工作服、帽和靴经消毒后可才进入生产区。工作服、鞋、帽定期洗刷消毒。饲养人员在接触羊群、饲料等之前，必须洗手，并用1∶1000的新洁尔灭溶液浸泡消毒3～5分钟。羊场谢绝外来人员参观，必须进入生产区时，要洗澡，更换工作服和工作鞋，并遵守场内防疫制度。

（2）羊舍的消毒及环境消毒

① 羊舍预防性消毒。定期对羊舍进行消毒，先机械清扫，再用消毒液消毒。用化学消毒液消毒时，消毒液的用量，以羊舍内每平方米用1升药液计算。常用的消毒药有10%～20%石灰乳、10%漂白粉溶液、0.5%～1.0%菌毒敌、0.5%～1.0%二氯异氰尿酸钠、0.5%过氧乙酸等。如羊舍有密闭条件，可用甲醛熏蒸消毒后开窗通风24小时。

羊舍的定期消毒最好每10～15天消毒1次。产房的消毒，在产羔前应进行1次，产羔高峰时进行多次，产羔结束后再进行1次。

② 羊舍的临时消毒和终末消毒。发生各种传染病而进行临时消毒及终末消毒时，选用的消毒剂随疫病的种类不同而异。一般肠道菌、病毒性疾病，可选用5%漂白粉或1%～2%氢氧化钠热溶液、10%克辽林溶液、1%菌毒敌等。如发生细菌芽孢引起的传染病（如炭疽、气肿疽等）时，需使用10%～20%漂白粉乳、1%～2%氢氧化钠热溶液或其他强力消毒剂。在病羊舍、隔离舍的出入口处应放置浸有消毒液的麻袋片或草垫。

③ 周围环境消毒。羊舍周围环境每2周用2%火碱消毒或撒生石灰1次，场周围及场内污水池、排粪坑、下水道出口，每月用漂白粉消毒1次。在场大门口、羊舍入口

设消毒池，使用2%火碱或5%来苏尔溶液，注意定期更换消毒液。

（3）用具消毒　定期对补料槽、饲料车等进行消毒，先将用具冲洗干净后，用0.1%新洁尔灭或0.2%～0.5%过氧乙酸消毒，然后在密闭的室内进行熏蒸。

（4）地面土壤消毒　土壤表面可用10%漂白粉溶液、4%甲醛或10%氢氧化钠溶液。停放过芽孢杆菌所致传染病（如炭疽）病羊尸体的场所，先用漂白粉喷洒地面，将表层土壤掘起30厘米左右，撒上干漂白粉与土混合，将表土运出掩埋。其他传染病所污染的地面土壤，可先将地面翻一下，深度约30厘米，翻地的同时撒上干漂白粉（用量为每平方米0.5千克），以水洒湿，压平。如果放牧地区被某种病原体污染，一般利用自然因素（如阳光）来消除病原体；如果污染的面积不大，则应使用化学消毒药消毒。

（5）粪便消毒　羊的粪便消毒最实用的方法是生物热消毒法，在距羊场100～200米以外的地方设一堆粪场，将羊粪堆积起来，上面覆盖10厘米厚的沙土，堆放发酵30天左右，即可用作肥料。

（6）皮毛消毒　羊患炭疽、口蹄疫、布氏杆菌病、羊痘、坏死杆菌病等，其羊皮、羊毛均应消毒。羊患炭疽时，严禁从尸体上剥皮；在储存的原料皮中即使只发现1张患炭疽的羊皮，也应将整堆与其接触过的羊皮进行消毒。

皮毛的消毒，目前广泛利用环氧乙烷消毒法。消毒时必须在密闭的专用消毒室或密闭良好的容器（常用聚乙烯或聚氯乙烯薄膜制成的篷布）内进行。每立方米密闭空间使用环氧乙烷 0.4～0.8 千克维持 12～24 小时。此法对细菌、病毒、霉菌均有良好的消毒效果，对皮毛等中的炭疽芽孢也有较好的消毒作用。但本品对人畜有毒性，且其蒸气遇明火会燃烧以致爆炸，因此必须注意安全，具备一定条件时才可使用。环氧乙烷的消毒效果与湿度、温度等因素有关，一般认为，相对湿度为 30%～50%，温度在 18℃以上、38～54℃以下，最为适宜。

(7) 羊的饮水卫生和消毒

① 防止饮水污染的措施。

a. 从羊舍建筑方面防止饮水污染。羊舍要建筑在地势高、排水方便、水质良好，远离居民区、工厂和其他畜牧场 500 米以外的地方，特别要远离屠宰场、肉类和畜产品加工厂。羊场可自建深水井和水塔，深层地下水经过地层的渗滤作用，属于封闭性水源，水质水量稳定，受污染的机会很少。

b. 注意保护水源。经常了解、掌握水源近区或上游有无污染情况，并及时处理，水源附近不得建厕所、粪池，不得有垃圾堆、污水坑等。井水水源周围 30 米、江河水取水点周围 20 米、湖泊等水源周围 30～50 米范围内应划为卫生防护地带，四周不得有任何污染源。羊舍与井水水源间应保持 30 米以上的距离，最易造成水源污染的区域和病羊舍、化粪池或堆肥场更应远离水源，粪便应做到无害化处理，并注意排放时防止流进或渗进饮水水源。

② 做好饮水卫生工作。经常清洗饮水用具，保持饮水器、槽清洁卫生。应尽量饮用新鲜水，陈旧饮水应及时弃

去。饮水应加入适当的消毒剂，杀灭水中的病原微生物。

③ 定期检测水样。定期检查饮水的水质，一旦饮水受到污染，要查找原因，及时解决。

④ 做好饮水的消毒。大型集中式给水可用液氯配成水溶液加入水中，小型集中式给水或分散式给水多采用漂白粉消毒。

⑤ 做好污水处理与排放工作。剖检室的污水必须经过严格的消毒后方可排放。羊舍排出的污水要经无害化处理后，方可排放。

六、免疫接种

免疫接种是指通过疫苗、类毒素、免疫血清等激发机体产生特异性抵抗力，保护易感家畜免受感染的一种方法。有计划进行免疫接种，是预防和控制羊的传染病的重要措施之一。

1. 免疫接种分类

根据免疫接种进行的时机不同，可分为预防接种和紧急接种。

（1）预防接种　在经常发生某些传染病的地区，或潜在有某些传染病的地区，或经常受到邻近地区某些传染病威胁的地区，为了防患于未然，在平时有计划地给健康的羊群进行免疫接种，称为预防接种。

预防接种通常使用疫苗、菌苗、类毒素等生物制剂作为抗原，使机体产生自动免疫力。用于人工自动免疫的生物制剂可统称为疫苗，包括细菌、支原体、螺旋体制成的菌苗，用病毒制成的疫苗和用细菌外毒素制成的类毒素。

根据接种对象和所用生物制剂的品种不同，可采用皮下注射、皮内注射、肌内注射、口服等不同的接种方法。接种后经一定时间（数天至3周）可获得数月至1年以上的免疫力。

（2）紧急接种　紧急接种是在发生疫病流行时，为了使疫病得到控制或扑灭，对疫区和受威胁区尚未发病的家畜进行的应急性免疫接种。紧急接种通常使用免疫血清或抗毒素，使机体很快获得被动免疫力。但在疫区内应用疫苗做紧急接种时，须对所有受到传染病威胁的家畜逐一进行详细观察和检查，仅能对正常无病的家畜以疫苗进行紧急接种；对病畜及可能已受感染的潜伏期病畜，必须在严格消毒的情况下立即隔离，不能再接种疫苗。

2. 免疫接种方法

（1）皮下注射　多数疫病的疫苗可采用皮下注射法接种。注射部位在股内侧和肘后。

（2）肌内注射　可进行皮下注射的疫苗部分也可采用肌内注射。肌内注射多选择在颈部或臀部肌肉。一般用12号针头。

（3）皮内注射　少数疫苗需进行皮内注射，注射部位多在颈侧外部或尾根皮肤皱襞。

（4）经口免疫　将疫苗溶于水或拌于饲料中，通过饮水或吃食进行口服免疫。

3. 免疫接种计划的制订

建立科学合理的免疫接种计划，有计划地对羊群进行免疫接种是预防和控制传染病的重要措施。制定合理的免疫程序，要根据本地区的疫病流行情况，结合羊场的具体情况，选择合理的疫苗、接种方法、剂量，确定各种疫苗接种的时间等，以达到最佳的免疫效果。需注意的是，对本地和本场尚未发生的疫病，必须在证明确实已经受到严重威胁时，才能计划接种，对高毒力型的疫苗更应慎重，非不得已不引进使用。

4. 疫苗选购及使用注意事项

（1）要购买有国家批准文号的正式厂家的疫苗　疫苗使用前要仔细检查，如发现疫苗没有标签、疫苗生产时间过期，疫苗色泽有变化、发生沉淀、发霉、玻璃瓶破裂等情况都不能使用。使用后的玻璃瓶等包装不得乱丢，应消毒或深埋。

（2）妥善保存和运输　一般疫苗应保存在低温、避光及干燥的场所。灭活疫苗、免疫血清等应保存在2～10℃，防止冻结。弱毒疫苗一般都在0℃以下保存，温度越低，疫苗保存效果越好。疫苗在保存期内温度应保持稳定，避免反复冻融。运输途中要避免高温和日光直接照射，尽快到达保存地点或预防接种地点。

（3）疫苗的稀释配制　疫苗稀释时须避光、无菌条件操作。稀释液应使用灭菌的蒸馏水、生理盐水或专用的稀释液。稀释时绝对不能用热水，疫苗稀释后要避免高温及阳光直接照射。活菌疫苗稀释时稀释液中不得含有抗生素。疫苗接种所用注射器、针头、瓶子等必须严格消毒。

（4）使用　严格按照疫苗使用说明书进行疫苗接种。稀释倍数、接种剂量、部位按照说明进行。

5. 羊的常用疫苗及免疫程序

（1）常用疫苗　在生产中，应根据当地羊群的流行病学特点进行。一般是在春季或秋季注射羊快疫、猝狙、肠毒血症三联菌苗和炭疽、布氏杆菌病、大肠杆菌病菌苗等。

大多数地区都注射以下四类疫苗。

① 山羊痘弱毒冻干苗。用生理盐水稀释 50 倍，不论羊只大小，一律在其尾根下侧皮内注射 0.5 毫升，每年注射 1 次。

② 羊四联灭活疫苗。可预防 4 种传染病（羊快疫、羊猝狙、羊肠毒血症和羔羊痢疾）。每年注射 2 次，可安排在 3 月和 9 月各 1 次。

③ 山羊传染性胸膜肺炎氢氧化铝菌苗。可安排在每年 4 月 1 次，肌内注射或皮下注射，6 月龄以下的羊每只用 3 毫升，6 月龄以上的羊每只用 5 毫升。

④ 牛 O 型五号病灭活疫苗。每年注射 2 次，剂量按说明书。

（2）羊的免疫程序（供参考）　羊四联灭活疫苗，可预防 4 种传染病（羊快疫、羊猝狙、羊肠毒血症和羔羊痢疾），免疫期 5～6 个月，3 月和 9 月各接种 1 次，皮下或肌内注射。

山羊痘弱毒冻干苗，预防羊痘，免疫期 1 年，3～4 月接种，尾部皮内注射。

2号炭疽芽孢苗，预防炭疽，免疫期1年，9月中旬接种，皮下或皮内注射。

链球菌氢氧化铝菌苗，预防链球菌病，免疫期5～6个月，3月、9月各接种1次，皮下注射。

传染性胸膜肺炎苗，预防传染性胸膜肺炎，免疫期1年，3～4月接种，皮下、肌内注射。

羊口疮弱毒细胞冻干苗，预防羊口疮，免疫期5个月，2～3月接种，口腔黏膜注射。

羔羊大肠杆菌疫苗，预防大肠杆菌病，免疫期5～6个月，3月龄以下羔羊接种，皮下注射。

羊衣原体佐剂灭活疫苗，预防衣原体病，免疫期2年，配种前1个月接种，皮下注射。

布鲁菌活疫苗，预防布鲁菌病，免疫期3年，配种前1～2个月接种，皮下注射、口服、滴鼻给药。

羊痢疾氢氧化铝苗，预防羔羊腹泻，免疫期5～6个月，怀孕羊于产前20天左右接种，皮下接种。

破伤风类毒素，预防破伤风，免疫期1年，手术前1个月、受伤时、产前1个月接种，颈部皮下注射。

6. 紧急免疫

紧急免疫是在发生传染病时，为了迅速控制和扑灭其流行，而对疫区或受威胁区内尚未发病动物进行的应急免疫接种，可以使用免疫血清或疫（菌）苗，使用血清较为安全有效，在烈性传染病暴发时在疫区应用疫（菌）苗广泛性紧急接种是一种切实可行的办法，能够取得较好的效果。

七、驱虫、药浴

1. 寄生虫病的预防措施

加强饲养管理，保持羊舍干燥，勤换垫草，保持羊清洁卫生和饮水卫生。在有寄生虫感染的地区，如有肝片吸虫的草场，可采取排水、填平沼泽或用生物化学方法消灭中间宿主锥实螺，以切断其生活史。

有条件的地区尽可能实行分区轮牧，使其虫卵或幼虫，在放牧休闲区内死亡。

对羊的粪便应做发酵处理，以杀灭寄生虫卵。

体外寄生虫可定期进行药浴。对新购入的羊只，经隔离观察后或经预防处理后才能与原有的羊只混群饲养。

2. 寄生虫病的防治

一般每季度进行1次定期驱虫。断奶以后的羔羊也应驱虫。

药物治疗羊体内外各种寄生虫时，选用药物要准确，药物用量要精确。必须做驱虫试验，在确定药物安全可靠和驱虫效果后，再进行大群驱虫。

常用的驱虫药如下。

（1）苯硫咪唑或丙硫咪唑　每千克体重用15毫克，一次灌服。该药对绦虫、线虫和吸虫均有效。

（2）左旋咪唑　片剂，每千克体重用10毫克，一次内服；针剂，每千克体重用7.5毫克，一次肌内注射。该药用于防治羊线虫病。此药安全范围较小，不宜随意增大用药剂量。

(3) 伊维菌素　可同时驱除体内线虫和蜱、螨、虱等各种体外寄生虫，但对吸虫和绦虫无效。针剂，每千克体重用0.2毫克，皮下注射；粉剂、片剂、胶囊剂，每千克体重用0.2克，可混入少量精料内喂饲或用水调匀后灌服。

(4) 美里哒唑　本品广谱、高效、安全，对体内各种寄生虫均能驱除，每千克体重用15毫克，灌服。

3. 药浴

药浴主要是为了预防和治疗羊体外寄生虫，如羊虱、蜱、疥癣等。在有疥癣病发生的地区，对羊只1年可进行2次药浴，1次是治疗性药浴，在春季剪毛后7～10天内进行；另1次是预防性药浴，在夏末秋初进行。

(1) 药物的选择　应选用高效、低毒的药物，并稀释到合理的浓度，常用的药浴液有0.1%杀虫脒溶液、0.05%辛硫磷溶液、20%氰戊菊酯乳油、螨净等。药浴液的温度一般以20～25℃为宜。

(2) 药浴时间的选择　一般选择在绵羊剪毛1周后，山羊在抓绒后，进行第1次药浴；隔7～10天后，进行第2次药浴。

(3) 药浴应选择在晴朗无风的天气进行　阴雨天、大风天、气温降低时不要药浴，以免羊受凉感冒。药浴前2小时，不要放牧使羊得到充分休息，饮足水，以免因口渴而饮药液中毒。

(4) 大批羊只药浴　应先对少数羊进行试浴，如无不良现象发生时，再大批进行药浴。每只羊的药浴时间大约为 1 分钟。药浴时，头部常露出水面，须有专人用木棍把羊头按入药液中 2～3 次，以充分洗浴头部。

（5）药浴液 应现用现配，先药浴健康羊，后药浴病弱羊。药液不足时，应及时添加同浓度药液。药液深度应保持在 0.8 米左右，以使羊体能漂浮在水中。药浴后，待羊体上的药液自然晾干，方可放牧。

4. 使用驱虫药注意事项

① 丙硫咪唑对线虫、吸虫和绦虫都有驱杀作用，但对疥螨等体外寄生虫无效。用于驱杀吸虫、绦虫比驱杀线虫用量应大一些。有报道，丙硫咪唑对胚胎有致畸作用，所以对妊娠母羊使用该药时要特别慎重，母羊最好在配种前驱虫。

② 有些驱虫药物，如果长期单一使用或用药不合理，寄生虫对药产生了耐药性，有时会造成驱虫效果不好。避免产生耐药性，可以通过减少用药次数、合理用药、交叉用药等方法得到解决。

③ 伊维菌素的剂型有预混剂和针剂。有的注射液不是长效制剂，隔 7 天需要再注射 1 次。

第二节 林地养羊疾病防治特点

一、传染病的发生和防治

1. 传染病的流行过程

传染病的流行需要有三个基本环节。

（1）传染（侵袭）源　体内有某种传染病或寄生虫病的病原体（微生物）寄居、生长、繁殖，并不断向体外排出病原体的动物，就是传染（侵袭）源。这些动物是指病羊和带菌（带病毒）的羊和其他动物。病羊是指潜伏期病羊、有临床症状的病羊和恢复期病羊。带菌（病毒）动物是指外表无临床症状的隐性感染羊或其他动物，但体内有病原体（微生物等）。

（2）传播途径　病原体从动物体内排出，停留在外界环境中，或者通过中间宿主（或媒介者）侵入另一个健康易感动物的过程叫作传播途径。存在于病羊粪、尿、乳、血液、精液中的病原体可以通过病羊的口、鼻、眼、呼吸道、阴道分泌物排出；死亡、被宰杀羊的肉、皮、血液、内脏、粪便中的病原体，如果处理不当也可散播于外界环境中。通过以上两种途径排出的病原体可以在外界存活一定时间，本场或地区的健康易感羊通过消化道、呼吸道、皮肤、黏膜、泌尿生殖道等途径直接接触（如交配、舔咬等）或者间接接触（经污染空气、土壤、饲料、饮水、中间宿主、媒介者、媒介物等）传染给新的健康易感羊群；也可通过怀孕母羊的胎盘传染给胎儿引起胎儿发病。

（3）易感动物　对某种传染病容易感染的动物叫作易感动物。如口蹄疫病毒的易感动物是牛、羊、猪等偶蹄兽，马、兔就不是易感动物。

2. 传染病的控制措施

传染病需要传染源（侵袭源）、传播途径和易感动物三个基本环节才能在羊群中流行，如果将其中三个基本环节中任何一个环节进行严格控制，这类疫病的发生就会越来越少或不再发生，更不能构成传染病在羊群中流行。综合性的防治措施包括平时的预防措施和发病时的扑灭措施。

（1）平时的预防措施

① 加强饲养管理，增强羊的抗病能力。执行“全进全出”的饲养制度；羊舍及时通风换气；对羊舍及环境进行清洁消毒。

② 防止引入病羊和带菌（带毒）羊。

③ 定期进行疾病监测和预防接种。

④ 加强灭鼠。进行粪便与垫料无害化处理。

⑤ 及时处理病羊和死羊。

（2）发生传染病时的控制措施

① 控制传染源。

a. 发现疑似传染病时，必须及时隔离，尽快确诊，并迅速上报。一时不能确诊的疾病，应采取病料送有关部门进行实验室检查。

b. 对第一类传染病（如口蹄疫、绵羊痘和山羊痘）或当地新发现的传染病，应追查疫源，迅速采取紧急扑灭措施，划定疫区或疫点进行封锁。疫区封锁范围，可根据疫情、地理环境而定，一般按村封锁。疫点是指发病及邻近的羊舍或羊群。在疫区封锁期间，应禁止羊及其产品交易等活动。直到最后一头病羊痊愈（死亡或急宰）后，经过该病的最长潜伏期，再无新的病例出现，经过全面彻底消毒后，可以解除封锁。

c. 对发病羊群及邻近羊群，发现病羊立即隔离治疗或淘汰急宰。

② 切断传播途径。

a. 被传染病羊污染的场地、用具、羊舍、运动场、工作服及其他污染物等必须随时彻底消毒。垫草应予烧毁，粪便应堆积发酵、送发酵池或深埋。

b. 死羊一律烧毁或深埋，不准食用，以防中毒或传染。

c. 急宰传染病羊或疑似传染病羊的皮肉、内脏、头蹄等，须经兽医检查，根据规定分别做无害化处理后加以利用或焚烧、深埋。常用的处理方法有两种，即能食用的，可高温煮熟，就地食用；不能食用的，可炼制成工业用油或骨肉粉。

d. 急宰病羊应在指定地点进行，屠宰后的场地、用具及污染物，必须进行严格消毒。

e. 在传染病流行期间，羊舍及用具应每周消毒1～2次。病羊隔离舍应每日或随时进行消毒。在传染病扑灭后及疫区（点）解除封锁前，必须进行终末大消毒。

③ 保护易感羊群。

a. 对假定健康羊（与病羊及其排泄物有过直接或间接接触的羊）及受威胁区的健康羊应进行紧急预防接种，提高羊群的免疫力。紧急预防接种应从受威胁区开始，而后依次接种假定健康羊、可疑病羊。

b. 对尚无菌苗的细菌性传染病可饲喂抗菌药5～7天，进行药物预防。

c. 改善饲料营养和卫生管理，提高抗病能力，避免与传染源（病羊、可疑病羊等）接触，减少感染机会。

3. 注意预防源于羊的人畜共患病

人畜共患病，即人类和脊椎动物之间自然传播的疾病。其病原包括病毒、细菌、支原体、螺旋体、立克次体、衣原体、真菌和寄生虫等。人畜共患病可以通过接触传染，也可以通过吃肉或其他方式传染。带病的畜禽、皮毛、血液、粪便、骨骼、肉尸、污水等，往往都会带有各种病菌、病毒和寄生虫虫卵等，处理不好就会传染给人。

羊布氏杆菌病、羊传染性脓疱病、羊结核病和羊口蹄疫等均为人畜共患病。

人畜共患病的预防原则是做好检测；检出病畜做无害化处理；及时治疗；严格消毒；人、畜免疫接种。

二、寄生虫病的发生和防治

寄生虫是指暂时或永久地在宿主体内或体表营寄生生活的动物。体内或体表有寄生虫暂时或长期寄居的动物都称为宿主。

1. 寄生虫生活史

（1）寄生虫的生活史　寄生虫生长、发育和繁殖的一个完整循环过程，叫作寄生虫的生活史，包括寄生虫的感染与传播。

寄生虫的生活史可分为若干个阶段，每个阶段的虫体有不同的形态特征，需要不同的生活条件。如线虫生活史一般分为卵、幼虫、成虫三个阶段，其中幼虫又分为若干期。

（2）寄生虫生活史完成的必要条件　寄生虫生活史的完成必须具备一系列条件。

① 寄生虫必须有其适宜的宿主，甚至是特异性的宿主。这是生活史建立的前提。

② 虫体必须发育到感染性阶段（或叫侵袭性阶段），才具有感染宿主的能力。

③ 寄生虫必须有与宿主接触的机会。

④ 寄生虫必须有适宜的感染途径。

⑤ 寄生虫进入宿主体后，往往有一定的移行路径，才能最终到达其寄生部位。

⑥ 寄生虫必须战胜宿主的抵抗力。

2. 寄生虫病的流行

某种寄生虫病在一个地区流行必须具备三个基本环节，即传染源、传播途径和易感动物。这三个环节在某一地区同时存在并相互关联时，就会构成寄生虫病的流行。

寄生虫病的感染途径是指病原从感染来源感染给易感动物所需要的方式。寄生虫的感染途径随其种类的不同而异，主要有以下几种。

（1）经口感染　即寄生虫通过易感动物的采食、饮水，经口腔进入宿主体的方式。多数寄生虫属于这种感染方式。

（2）经皮肤感染　寄生虫通过易感动物的皮肤，进入宿主体的方式。例如钩虫、血吸虫的感染方式。

（3）接触感染　即寄生虫通过宿主之间直接接触或用

具、人员等的间接接触，在易感动物之间传播流行。属于这种传播方式的主要是一些体外寄生虫，如蜱、螨、虱等。

（4）经节肢动物感染　即寄生虫通过节肢动物的叮咬、吸血，传给易感动物的方式。这类寄生虫主要是一些血液原虫和丝虫。

（5）经胎盘感染　即寄生虫通过胎盘由母体感染给胎儿的方式。如弓形虫等寄生虫可有这种感染途径。

（6）自身感染　有时，某些寄生虫产生的虫卵或幼虫不需要排出宿主体外，即可使原宿主再次遭受感染，这种感染方式就是自身感染。

3. 寄生虫病的危害

（1）掠夺宿主营养　消化道寄生虫多数以宿主体内消化或半消化的食物营养（主要是碳水化合物）为食；有的寄生虫还可直接吸取宿主血液（吸血节肢动物寄生虫和某些线虫）；也有的寄生虫（某些原虫）则可破坏红细胞或其他组织细胞，以血红蛋白、组织液等作为自己的食物；寄生虫在宿主体内生长、发育及大量繁殖，所需营养物质绝大部分来自宿主，寄生虫数量越多，所需营养也就越多。这些营养还包括宿主不易获得而又必需的物质，如维生素 B_{12}、铁及微量元素等。由于寄生虫对宿主营养的这种掠夺，使宿主长期处于贫血、消瘦和营养不良状态。

（2）机械性损伤　虫体以吸盘、小钩、吻突等器官附着在宿主的寄生部位，造成局部损伤；幼虫在移行过程中，形成虫道，导致出血、炎症；虫体在肠管或其他组织腔道（胆管、支气管、血管等）内寄生聚集，引起堵塞和其他后果（梗阻、破裂）；另外，某些寄生虫在生长过程中，还可刺激和压迫周围组织脏器，导致一系列继发症。如大量蛔虫积聚在小肠所造成的肠堵塞，个别蛔虫误入胆管中所造成的胆管堵塞等；钩虫幼虫侵入皮肤时引起钩蚴性皮炎；细粒棘球蚴在肝脏中压迫肝脏，造成严重后果。

（3）虫体毒素和免疫损伤作用　寄生虫在寄生生活期间排出的代谢产物、分泌的物质及虫体死后的崩解的产物对宿主是有害的，可引起宿主体局部或全身性的中毒或免疫病理反应，导致宿主组织及机能的损害。如蜱可产生用于防止宿主血液凝固的抗凝血物质；寄生于胆管系统的华支睾吸虫，其分泌物、代谢产物可引起胆管上皮增生、肝实质萎缩、胆管局限性扩张及管壁增厚，进一步发展可致上皮瘤样增生；血吸虫虫卵分泌的可溶性抗原与宿主抗体结合，可形成抗原-抗体复合物，引起肾小球基底膜损伤；所形成的虫卵肉芽肿则是血吸虫病的病理基础。

（4）继发感染　某些寄生虫侵入宿主体时，可以把一些其他病原体（细菌、病毒等）一同携带入内；另外，寄生虫感染宿主体后，破坏机体组织屏障，降低抵抗力，也使得宿主易继发感染其他一些疾病。如多种寄生虫在宿主的皮肤或黏膜等处造成损伤，给其他病原体的侵入创造了条件。还有一些寄生虫，其本身就是另一些微生物或寄生虫的传播者。

4. 寄生虫病的诊断

寄生虫病的确诊应是在流行病学资料调查研究的基础上，通过实验室检查，查出虫卵、幼虫或成虫，必要时可进行寄生虫学剖检。

病原体检查是寄生虫病最可靠的诊断方法，无论是粪便中的虫卵，还是组织内不同阶段的虫体，只要能够发现其一，便可确诊。在判断某种疾病是否由寄生虫感染所引起时，除了检查病原体外，还应结合流行病学资料、临床症状、病理解剖变化等综合考虑。

（1）临床观察　仔细观察临床症状，分析病因，寻找线索。如羔羊感染蛔虫病时，初期往往症状不明显，最为常见的表现就是咳嗽、体温升高等。

（2）流行病学调查　全面了解畜禽体的饲养环境条件、管理方式、发病季节、流行状况、中间宿主或传播者及其他类型宿主的存在和活动规律等，统计感染率（即检查的阳性患畜与整个被检畜的数量之比）和感染强度（是表示宿主遭受某种寄生虫感染数量大小的一个标志，有平均感染强度、最大感染强度和最小感染强度之分）。

（3）实验室检查　在各种病料中，检查病原体（虫卵、幼虫和成虫）是诊断寄生虫病的重要手段，包括粪、尿、血液、骨髓、脑脊液及分泌物和有关病变组织的检查。必要时可接种实验动物，然后从实验动物体检查虫体或病变而建立诊断。

（4）治疗性诊断　在初步怀疑的基础上，采用针对一些寄生虫的特效药进行驱虫试验，然后观察疾病是否好转。若临床症状减轻或消失，或患畜体内虫体排出，进行检查鉴定，从而达到确诊目的。

（5）剖检诊断　这是确诊寄生虫感染最可靠确实的方

法。该法可以确定寄生虫种类、感染强度；还可以明确寄生虫对宿主危害的严重程度，尤其适用于对群体寄生虫病的诊断。

(6) 免疫学诊断　同其他病原体一样，寄生虫感染动物体后，在整个生长、发育、繁殖到死亡的寄生过程中，其产生的分泌物、排泄物和虫体死后的崩解产物在宿主体内均起着抗原的作用，诱导动物机体产生免疫应答。因此可以利用抗原-抗体反应或其他免疫反应来诊断寄生虫病。

(7) 分子生物学诊断　分子生物学技术具有更高的灵敏性和特异性，为探索寄生虫的系统进化过程及亚种和虫株鉴别、虫株的标准化，提供了更可靠的手段。

5. 寄生虫病的预防和控制

预防羊寄生虫病，应根据寄生虫病的流行特点，在发病季节到来之前，用药物给羊群进行预防性驱虫。预防性驱虫通常在每年4～5月及10～11月各进行1次，或根据地区特点调整驱虫时间。羊的体外寄生虫主要有疥癣、虱蝇，体内寄生虫主要有线虫、绦虫等。

防治寄生虫病的基本原则是，外界环境杀虫，消灭外界环境中的寄生虫病原，防止感染羊群；消灭传播者蜱和其他中间宿主，切断寄生虫传播途径；对病羊及时治疗，消灭体内外病原，做好隔离工作，防止感染周围健康羊；对健康羊进行化学驱虫。

具体控制措施如下。

(1) 控制和消灭感染源　有计划地进行定期预防性驱虫。按照寄生虫病的流行规律，在计划的时间内投药。注意药物的选择，要高效、低毒、广谱、价廉、使用方便。

驱虫时间的确定，要依据对当地寄生虫病流行病学的调查了解来进行。一般要赶在“虫体成熟前驱虫”，防止性成熟的成虫排出虫卵或幼虫对外界环境的污染。或采取“秋冬季驱虫”，此时驱虫有利于保护家畜安全过冬；秋冬季外界寒冷，不利于大多数虫卵或幼虫存活发育，可减轻对环境的污染。

驱虫应在专门的、有隔离条件的场所进行。驱虫后排出的粪便应统一集中用“生物热发酵法”进行无害化处理。在驱虫药的使用过程中，一定要注意正确合理用药，避免长期频繁地连续使用同一种药物，以推迟或消除抗药性的产生。

（2）切断传播途径　搞好环境卫生是减少或预防寄生虫感染的重要环节。尽可能地减少宿主与感染源接触的机会，如逐日清除粪便，打扫厩舍，以减少宿主与寄生虫虫卵或幼虫的接触机会，也减少虫卵或幼虫污染饲料或饮水的机会；同时设法杀灭外界环境中的病原体，如粪便堆积发酵，利用生物热杀灭虫卵或幼虫；也包括清除各种寄生虫的中间宿主或媒介等。

利用寄生虫的某些流行病学特点来切断其传播途径，避免寄生虫的感染。例如，调查绵羊某种线虫的幼虫在夏季牧场上需要多长时间发育到感染性阶段。假设是 7 天，那么便可以让羊群在第 6 天离开，转移到新的牧场。如果知道那些绵羊线虫的感染幼虫在夏季牧场上只能保持感染力 1 个半月，那么 1 个半月后，羊群便可返回牧场。

寄生虫的中间宿主和媒介较难控制，可利用它们的习性，设法回避或加以控制。如羊莫尼茨绦虫的中间宿主是地螨。地螨畏强光、怕干燥，潮湿和草高且密的地带数量多，黎明和日暮时活跃。据此可采取回避措施，以减少绦虫的感染。

（3）增强机体抗病力　科学养殖，加强日常饲养管理。饲料保持平衡全价，使羊只获得足够的氨基酸、维生素和矿物质；合理放牧，减少应激因素，提高易感动物对寄生虫病的抵抗力。

三、营养代谢疾病的发生和防治

当日粮里营养物质的供给及其代谢过程的某些方面或某一环节发生紊乱时，就会造成代谢机能的障碍，由此而引起的疾病称为营养代谢疾病。营养代谢疾病是营养紊乱和代谢紊乱疾病的总称，前者是因动物所需的某些营养物质的量供给不足或缺乏，或因某些营养物质过量而干扰了另一些营养物质的吸收和利用引起的疾病；后者是因体内一个或多个代谢过程异常改变导致内环境紊乱而引起的疾病。

1. 营养代谢疾病的分类

（1）糖、脂肪、蛋白质代谢紊乱性疾病　如乳牛的酮病、母畜妊娠毒血症、禽痛风、脂肪肝综合征、黄脂病、营养衰竭症等。

（2）维生素营养缺乏症　是因饲料中维生素供给不足，或因含有某些维生素拮抗剂，造成代谢过程中因维生素摄入不足，体内必需的辅酶生成不足而致代谢失调。如维生素 D 缺乏。

（3）矿物质营养缺乏症　矿物质不仅是机体硬组织的构成成分，而且是某些维生素和酶的构成成分。常见的矿物质营养缺乏症包括 7 种常量元素缺乏，如骨软症、低镁血症、低钾血症、低钠血症；15 种必需微量元素缺乏症，如铜缺乏症、硒缺乏症、锰缺乏症等。

（4）原因未定的营养代谢疾病　有些病不像是传染病，也不像是中毒或寄生虫病，它们符合营养代谢病的某些特点，但病因不明确。如肉用仔鸡腹水症、啄癖等。

2. 营养代谢疾病的发病原因

（1）营养物质摄入不足　日粮不足，或日粮中缺乏某种营养物质。如缺硒地区的硒缺乏症等。

（2）营养物质消化、吸收不良，利用不充分　长期患某些慢性病，胃肠道、肝脏及胰腺等机能障碍，年老体弱，机能减退，不仅影响营养物质的消化吸收，而且影响营养物质在动物体内的合成代谢。

（3）营养物质转化需求过多　饲料投入的量、各种营养成分的含量和比例、各项管理措施等，稍有疏忽或失误，就可引起营养代谢疾病。

3. 营养代谢疾病的特点

营养代谢疾病种类繁多，发病机理复杂，但它们的发生、发展、临诊经过方面有一些共同特点。

（1）疾病发生缓慢，病程一般较长　从病因作用到呈现临床症状一般都需数周、数月甚至更长的时间，有的可能长期不出现明显临床症状而成为隐性型。

（2）发病率高，多为群发，经济损失严重　营养代谢性疾病已成为重要的群发病，遭受的损失严重。

（3）生长速度快的畜禽、处于妊娠或泌乳阶段特别是乳产量高的家畜、幼畜禽容易发生，舍饲时容易发生。

（4）多呈地方性流行　动物营养的来源主要是从植物性饲料及部分动物性饲料中所获得的，植物性饲料中微量元素的含量，与其所生长的土壤和水源中的含量有一定的关系，因此微量元素缺乏症或过多症的发生，往往与某些特定地区的土壤和水源中该元素含量特别少（或多）有密切关系，常称这类疾病为生物地球化学性疾病，或称为地方病。

据调查，我国约有70%的县为低硒地区，从东北至西南形成一个低硒地带，缺硒可导致幼畜白肌病等。在土壤含氟量高的地区，或在炼铝厂、陶瓷厂附近，氟随烟尘散播于所在的农牧场或地面，可发生羊的慢性氟中毒。有些地区缺钴，用该地区生长的谷物和饲草喂养羊，会发生慢性营养障碍和钴缺乏症引起的贫血。

（5）病畜大多有舐癖、衰竭、贫血、生长发育停止、消化障碍、生殖机能扰乱等临床表现。多种矿物质如钠、钙、钴、铜、锰、铁、硫等的缺乏，某些维生素的缺乏，某些蛋白质和氨基酸的缺乏，均可能引起动物的异食癖；铁、铜、锰、钴等缺乏和铅、砷、镉等过多，都会引起贫血；锌、碘、锰、硒、钙和磷、钴、铜及钼、维生素D、维生素E等的代谢状态都可影响生殖机能。

（6）无接触传染病史，一般体温变化不大　除个别情况及有继发或并发病的病例外，这类疾病发生时体温多在正常范围或偏低，畜禽之间不发生接触传染，这些是营养代谢性疾病与传染病的明显区别。

（7）通过饲料或土壤或水源检验和分析，一般可查明病因。发生缺乏症时补充某一营养物质或元素，过多症时减少某一物质的供给，能预防或治疗该病。

（8）具有特征性器官和系统病理变化　如维生素D缺乏发生佝偻病。

4. 营养代谢疾病的诊断

（1）首先要排除传染病、寄生虫病和中毒性疾病　许多营养代谢疾病呈群发、人兽共患和地方流行等特点，诊断时应利用一切现有手段排除病原微生物、寄生虫感染，排除毒物中毒，抗菌药物、驱虫药物治疗收效甚微，或仅对某些并发症有效，而使用针对营养缺乏物质有良效时，可提示诊断。

（2）动物现症调查　在群养动物中长期存在生长迟缓、发育停滞、繁殖机能低下，屡配不孕，常有流产、死胎、畸胎生成、精子形态异常等；有不明原因的贫血、跛行、脱毛、异嗜等非典型的示病症状。越是高产（如产乳特别多、产蛋特别多）的母畜越易出现各种临床症状者，可提示诊断。

（3）饲料调查　许多营养代谢疾病是因饲料中缺乏某些营养成分。应根据动物现症调查和初步治疗的体会，对可疑饲料中针对性营养成分如矿物质、维生素等进行测定，并和动物营养标准相比较。不仅要测当前饲料，可能的情况下要测病前所喂饲料，不仅测可疑物，还应测该物质的拮抗物。如测钼的同时测铜，测锌的同时测钙等。

（4）环境调查　放牧的养殖场尤其应掌握该地区土壤、植物、饮水中某些营养成分的含量，施肥习惯，土壤pH值、含水量，动物饮用水源是否受到污染及污染程度。我国江西耕牛钼中毒就是因矿山尾砂水污染，钼经稻草而进入牛，引起条件性缺铜所致。

（5）实验室诊断　实验室不仅要测定动物饲料、饮水中可疑成分及拮抗剂，而且应对病畜血、肉尸、脏器等，特别是目标组织中可疑成分的含量、有关的酶活性进行测定，这些均有助于疾病诊断。

（6）动物回归试验及治疗　人工复制出与自然发生疾病相同的病症，用补充可疑营养成分获得满意的效果，是诊断疾病的决定性依据。

5. 营养代谢疾病的防治措施

羊常见的营养代谢病有羔羊白肌病、羊酮尿病、羊佝偻病、绵羊食毛症、羊维生素A缺乏症、羊异食癖等，大多数是由于饲料营养不平衡造成的，必须在病原学诊断的基础上，改善饲养管理，给予全价日粮，并且有针对性地放置人工盐砖，任羊自由采食。

四、中毒性疾病的发生和防治

1. 中毒病的分类

按毒物来源可分为两类，即外源性毒物，如植物毒素、动物毒素、真菌毒素、农药、化学物质、药物等，经一定途径进入动物体内；内源性毒素，是体内代谢过程中所产生的有毒物质，如吲哚、过氧化物等，体内有完整的解毒体系可消除它们的毒性。

根据毒物的来源，又把外源性毒物中毒分为以下六类。

(1) 饲料中毒　是因饲料本身含有毒物质或加工调制不当所产生的毒物引起的中毒。如棉籽饼中毒、亚硝酸盐中毒等。

(2) 有毒植物中毒　是指植株的根、茎、叶中的有毒物质引起的中毒，如其中生物碱、挥发油类、毒蛋白、有机酸等有毒成分中毒。如白苏、聚合草、苦楝子等中毒。

(3) 农药及药物中毒　杀虫剂、杀鼠剂及医药用品使用不当，而产生中毒。如有机磷、有机氟、有机汞、土的宁、磺胺及呋喃类药物中毒等。

(4) 真菌毒素中毒　真菌毒素是真菌生长繁殖过程中所生成的代谢次生物，随饲料进入体内引起的中毒。如黄曲霉毒素、镰刀菌毒素等中毒。

(5) 环境污染及微量元素中毒　如重金属（铅、镉、汞等)、非金属（硒、氟、砷等)、有毒气体（硫化氢、氨等）等中毒。

(6) 动物毒素中毒　包括蛇、蜂、蝎、斑蝥、河豚毒素等中毒。

2. 中毒原因

除因环境污染（如毒气）造成的急、慢性中毒外，动物中毒大多因误食、误用、迫食、偷食等因素引起，尤其是急性中毒。

（1）误食　包括误食有毒植物、毒饵，刚洒过农药不久的植物茎叶、蒿秆等，或误食被三废污染的饮水或食物，或食用被污染的土壤中长出的谷物及植株引起中毒。

（2）误用　包括错误地把含毒饲料掺入比例过多，错误地使用药物、添加剂、生长促进剂（用药方法及程序、用药剂量）等引起中毒。如呋喃西林中毒，棉籽饼、磺胺、抗生素类药物中毒等。

（3）迫食　动物处于没有办法情况下，饥不择食，食入过多而中毒。如某些植物、发霉饲料，明知有毒，但处于不可避免或难以克服的情况下使用不当最终中毒。

（4）偷食　动物过度饥饿或饥渴，挣脱缰绳、笼舍，一次性大量食入，如豆、谷类食物中毒，水中毒等。

3. 毒物与机体间相互作用

毒物对机体的作用机理（毒理）有以下几种。

（1）致缺氧　毒物引起缺氧的原因大致有如下方面。

① 扰乱呼吸机能，如抑制呼吸中枢，引起喉头水肿，产生支气管痉挛及肺气肿等。

② 引起溶血、血红蛋白变性，如产生碳氧血红蛋白、变性血红蛋白。

③ 抑制细胞呼吸，抑制干扰电子传递，如氰化物中毒、硫化氢中毒等。

④ 引起血管通透性增强、渗透性增加，导致微循环障碍和休克。

（2）抑制某些酶活性　其作用包括如下方面。

① 破坏酶的活性中心。如氰化物抑制细胞色素氧化酶形成三价铁离子，一氧化碳作用于该酶形成三价铁离子，使酶失效而窒息死亡。

② 毒物与基质竞争同一种酶，而产生抑制作用。如氟柠檬酸可抑制乌头酸酶，引起三羧酸循环中止，这是氟乙酰胺中毒的机理。

③ 与酶的激活剂作用，使酶失活。如氟化物抑制镁离子，镁离子失去激活酶的作用，使许多酶活性下降，产生代谢紊乱。

④ 去除辅酶。如铅中毒造成烟酸消耗过多，使辅酶Ⅰ、辅酶Ⅱ合成减少，抑制脱氢酶作用。

（3）对传导介质的影响　有机磷化合物抑制了胆碱酯酶活性，神经末梢与终板之间乙酰胆碱蓄积。四氯化碳中毒时，交感神经兴奋冲动，释放大量儿茶酚胺、肾上腺素、5-羟色胺等神经介质，可使内脏血管收缩，生命器官供血不足导致损伤。

（4）毒物间竞争性作用　如一氧化碳和氧竞争性与血红蛋白结合，使血红蛋白丧失携氧功能。砷、汞与多种酶的巯基结合，使酶活性丧失。

4. 中毒病的诊断与诊断程序

中毒病的诊断包括病史调查、症状检查、尸体剖检、毒物分析，甚至回归复制、论证分析等。有些中毒病通过病史调查或症状观察就可诊断，但也有些中毒可迁延数月、数年而不得结论。

5. 中毒病的治疗原则

(1) 除去毒源　吸入性中毒者，立即离开含毒气体；皮肤接触毒物者，尽快清洗皮肤上的有毒物质；消化道食入者，尽快使用催吐剂（如果动物容易呕吐的话）或洗胃或导泻与灌肠。促进毒物排出，使毒物不再被吸收入血。

毒物一旦已被吸收时，可采取大量输液直至尿流不断，促使毒物经尿排泄，必要时给予利尿剂，或先泻血再输液补充血容量。

(2) 尽快使用特效解毒剂　有些中毒有特效解毒药，如有机磷中毒使用解磷啶、双复磷；氟乙酰胺中毒用解氟灵（乙酰胺）；重金属中毒用二巯基丙醇、亚硝酸盐中毒用美蓝等，因为毒物与组织间作用，许多是可逆的，及时使用特效解毒药，可迅速解除毒物的危害。

(3) 对症治疗　补液，促进毒物排泄，在补液中掺入某些药物，维持心功能、血管功能、肝功能和肾功能及中枢神经正常活动。有些中毒病缺乏特效解毒剂，只能采取对症治疗，调整体内环境，争取时间，最终使毒物从体内排泄及发挥自身解毒作用。

6. 中毒病的预防和救治

(1) 预防　羊常见的中毒病有有毒植物中毒、饲喂霉败饲料中毒、农药中毒、治疗药物中毒、食盐中毒、尿素中毒、蛇咬中毒和灭鼠药中毒等。

对放牧或打草场进行调研，有无有毒植物生长，应尽量对其进行铲除或消灭；施用农药或灭鼠药地区应树立标志，防止用该地区草饲喂羊；做好有毒物质的保管、使用、销毁；禁止饲喂发霉变质草料；临床用药剂量、浓度要准确；加强环境管理，防止废水、废气、废渣污染；备好解毒药品，一旦发现中毒情况尽快尽早治理。

（2）羊中毒病的急救

① 毒物排除。温水1000毫升加活性炭50～100克或0.1%高锰酸钾液1000～2000毫升，反复洗胃，并灌服人工盐泻剂或硫酸钠25～50克，促使未吸收的毒物从胃肠道排出。灌服牛奶或生鸡蛋500克也有解毒作用。

② 全身治疗。静脉注射10%葡萄糖或生理盐水或复方氯化钠溶液500～1000毫升，均有稀释毒物、促进毒物排出的作用。

③ 对症治疗。根据病情选用药物。心衰时，可肌内注射0.1%盐酸肾上腺素2～3毫升或10%安钠咖5～10毫升；兴奋不安时，口服乌洛托品5克；肺水肿时，可静脉注射10%氯化钙注射液500毫升。

第三节 林地养羊发病特点

一、羊病的发生特点

1. 羊对病的反应不太敏感

在发病初期往往没有明显的症状，只有在病情严重时才有明显的表现。这时羊已处于病程后期，治疗效果不太好。对羊病要早发现、早治疗。在饲养管理中勤观察羊的表现，发现异常，随时诊治。

2. 羊病发生有一定的季节性

多数羊病发生在季节交替时期，特别是冬春交替季节。

3. 羊病发生与饲养管理有直接的关系

在羊膘情差、管理粗放、环境变化较大和受到应激时，会诱发羊病和降低羊的抗病力。

4. 羊病是可以预防的

每年在春季注射预防传染病的疫苗，春、秋两季做好驱虫工作，就可以防止羊传染病和寄生虫病的发生。

二、对林地养羊疾病预防有利的因素

① 林地中空气新鲜，光照充足，环境安静，有害气体少，羊的活动范围广，运动量大，体质好。加之羊可以在林地自由活动，接受充足的太阳光照射，紫外线可使羊皮肤中的7-脱氢胆固醇转化为维生素D_3，从而减少软骨病的发生。

② 羊在林地中采食鲜嫩的树叶、草叶以及成熟的植物子实，这些植物中不仅含有丰富的蛋白质，还含有羊所需的多种维生素、微量元素，某些植物还有保健作用。

三、对林地养羊疾病预防不利的因素

1. 环境不宜控制，易发寄生虫病、细菌性传染病

放养时羊接触地面，病羊粪便易污染饲料、饮水、土地，夏季天热多雨、运动场潮湿，粪便得不到及时清理、堆沤发酵，场内的污物也得不到及时清除，容易造成球虫

病、大肠杆菌病等的流行。

2. 气候多变，易受野生动物侵害

放养羊所处的外界环境因素多变，易受暴风雨、冰雹、雪等侵袭。放养时，也易被鼠、蛇、老鹰等野生动物等攻击。

第二章 林地养羊的饲养管理

第一节 羊的饲养管理

一、饲养方式

生态养羊的饲养方式有放牧饲养、舍饲饲养和半放牧半舍饲饲养。饲养方式的选择，要根据当地草场资源、牧草种植、农作物秸秆的数量、羊舍面积以及不同生产方向的绵羊、山羊品种类型来确定。

（一）放牧饲养

放牧饲养是指一年四季（除暴风雪和强降雨天气外），羊群都在草场上放牧的饲养方式。

1. 放牧场地

天然草原、林间和林下草地、灌丛草地，有羊群放牧饲养的生态环境条件和牧草资源优势的，可进行放牧饲养。

牧区的放牧方式有自由放牧和划区轮牧两种。自由放牧是根据地形、气候、草质和水源，把天然牧场分为春、夏、秋、冬四季、三季或两季牧场，按季节轮流放牧，是传统饲养方式。划区轮牧是将每个放牧地区划分成十几个或几十个小区实行轮牧。

2. 放牧要求

① 各类羊都适于采用放牧饲养，并根据羊群的情况分别进行补草、补料，放牧饲养也需要各种羊舍及相应配套的设备。

② 细毛羊、半细毛羊、毛皮用羊、肉用绵羊应选择地势较平坦，以禾本科为主的低矮型草场进行放牧。毛用和绒用山羊应选灌丛较少、地势高燥、坡度不大的草山草坡放牧。肉用山羊被毛短，行动敏捷，喜食细嫩枝叶，适宜于山地灌丛草场放牧。

③ 当草场载畜量偏高、牧草生长发育受限制时，要减少放牧强度，并进行补饲。

3. 饲养效果

放牧饲养投资小，饲养成本低，饲养效果取决于草畜平衡，关键在于控制羊群数量，合理保护和利用草场，防止过牧。

（二）放牧结合舍饲的饲养方式

当放牧地区面积不足或牧草质量较差时，可采用放牧结合舍饲的饲养方式。一般在夏秋季节白天放牧，晚间在场区舍内补饲；冬春两季以舍饲为主。采用这种饲养方式，要求具有较完备的羊舍建筑和设施。该饲养方式结合了放牧与舍饲的优点，可充分利用自然资源，适合于饲养各种生产方向和品种类型的绵、山羊，是半农半牧区、山区、丘陵地带广泛采用的养羊生产模式。

1. 技术要点

因地制宜，实行灵活而不均衡的放牧加舍饲饲养方式。

① 要根据不同季节牧草生产的数量和品质、羊群本身的生理状况，规划不同季节的放牧和舍饲强度，确定每天放牧时间的长短和在羊舍饲喂的次数和数量。

② 一般夏、秋季节各种牧草灌木生长茂盛，通过放牧能满足营养需要，可不补饲或少补饲。冬春季节，牧草枯萎，量少质差，以舍饲为主，可适当放牧，必须加强补饲。

③ 为了缩短肉用羊的育肥期，提高奶山羊产奶量，夏、秋季节在放牧的基础上还需适当补饲。

2. 饲养效果

该饲养方式的效果取决于当地草场和农作物资源状况，关键在于夏秋季节的草料储备。如果能根据羊的品种，合理种植牧草，及时储存青绿饲料和农作物秸秆，则能获得良好的经济效益和生态效益。

（三）舍饲饲养方式

舍饲饲养是羊在羊舍中饲喂，适合在缺乏放牧草场的农区和城镇郊区，或肉用羊的育肥和高产奶山羊规模化生产时采用。采用舍饲饲养时，羊场应设置运动场，需有羊舍等建筑物及饲养管理设施。

1. 特点

① 全舍饲的饲养方式，可减少羊只放牧游走的能量

消耗，对肉羊的育肥和奶羊生产更多的乳汁有利。

② 可减轻草场的压力，但不能通过放牧形式利用牧草资源，人力、物力消耗较大，饲养成本较高。

③ 采用该饲养方式，要求草料来源充足、养羊设施完备，如需有羊舍、足够的饲槽和草架以及一定面积的运动场。

④ 为保证全年饲草的均衡供应，须种植大面积的饲料作物，并储备大量的青绿饲料、干草和秸秆。

⑤ 肉用品种等高产羊群需要营养较多，在喂足青绿饲料和干草的基础上，须适当补饲精料。

2. 饲养效果

饲养效果与羊舍等生产设施情况和饲草料储备情况有关，需科学管理，缩短饲养周期，提高羊群的出栏率，才能获得较高的经济效益和生态效益。

二、各类羊的饲养管理

（一）羊的日常饲养原则

1. 饲料经过调制后，搭配饲喂

将不同的原料经洗净、切碎、煮熟、调匀、晒干后进行必要的加工调制再饲喂，以提高羊的食欲，促进消化，提高适口性。并按羊的采食性、消化特点和饲料的品种、特性等选用多种原料，加强营养互补，防止偏食和营养缺失。

2. 按一定顺序饲喂

先喂草料后喂精料，即按粗饲料—青饲料—精饲料—

多汁饲料的顺序饲喂，少喂勤添，让羊一次吃饱即可。

3. 按不同羊群性质分别饲喂

将羊分为普通羊群、杂交羊群、公羊群、母羊群、公羔群、母羔群、青年公羊群、青年母羊群等，按照不同年龄、性别、生理时期的需要饲喂相应的饲料，提高饲料的利用率。

4. 定时、定量、定质饲喂

每次饲喂时间固定，以有利于羊形成良好的条件反射，有利于羊规律性地采食、反刍和休息。饲料的饲喂量在一定时间内相对稳定，不可时多时少；在满足羊的营养需要的情况下，避免浪费。饲料要新鲜、清洁、保证质量，不喂腐烂、霉变的饲料和饲草。

5. 精心饲喂

经常观察羊的采食情况，粪便形状、气味和颜色以及羊的精神状态，以便了解羊的健康状况，一旦发现异常，及时采取措施。

（二）种公羊的饲养管理

1. 配种期的饲养管理

种公羊的日粮要求营养丰富，尤其蛋白质、矿物质和维生素一定要满足要求。种公羊在配种前1～1.5个月，日粮应由非配种期逐渐增加到配种期的饲养标准。在舍饲期的日粮中，禾本科干草一般占35%～40%，多汁饲料占20%～25%，精饲料占40%～45%。

在配种期，体重80～90千克的种公羊每日饲料定额，混合精料1.2～1.4千克、苜蓿干草或野干草2千克、胡萝卜 0.5～1.5 千克、食盐 15～20 克、骨粉 5～10 克、血粉或鱼粉 5 克。草料每日分 2～3 次供给，饮水 3～4 次。

2. 非配种期的饲养管理

除放牧采食外，应适当补饲。在冬季（越冬期），每日补混合精料 500 克、干草 3.0 千克、胡萝卜 500 克、食盐 5～10 克。春夏季节以放牧为主，另补混合精料 500 克。每日喂 3～4 次，饮水 1～2 次。

（三）繁殖母羊的饲养管理

繁殖母羊，要求常年保持良好的饲养管理条件，以完成配种、妊娠、哺乳和提高生产性能等任务。繁殖母羊的饲养管理，可分为空怀期、妊娠期和泌乳期三个阶段。

1. 空怀期的饲养管理

此期要注意抓膘复壮。年产羔 1 次时，产冬羔母羊的空怀期一般为 5～7 个月，产春羔母羊的空怀期达 8～10 个月。期间牧草繁茂，注重放牧，一般经过 2 个月抓膘可增重 10～15 千克，为配种做好准备。

2. 妊娠期的饲养管理

母羊怀孕的前 3 个月为妊娠前期，后 2 个月为妊娠后期。

（1）妊娠前期　妊娠前期胎儿发育较慢，所需营养与空怀期相同。在青草季节，一般放牧就可满足母羊的营养需要，不用补饲。随着牧草的枯黄，除放牧外，必须补饲，每只每日补饲优质干草 2.0 千克或青贮饲料 1.0 千克。

(2) 妊娠后期　胎儿生长发育快，营养物质的需要量明显增加，必须供给母羊充足的营养。此期营养不足，羔羊初生重小，抵抗力弱，生长发育缓慢。母羊体况差，泌乳减少，也影响初生羔羊的健康。

妊娠后期母羊日粮能量水平应比空怀母羊增加 30%～40%，蛋白质增加 40%～60%，钙、磷增加 1～2 倍，维生素增加 2 倍。妊娠后期的母羊，除放牧外每天可补喂干草 1.0～1.5 千克、青贮饲料 1.5 千克、精料 0.45 千克，矿物质和维生素的补充应根据日粮组成情况而定。禁喂发霉变质和冰冻饲料。

在管理上，妊娠后期母羊应重点保胎。在放牧时，要慢赶、不打、不惊吓、不跳沟、不走冰滑地和出入圈不拥挤。母羊临产前 1 周左右，不得远牧，以便分娩时能回到羊舍。饮水时应注意饮用清洁水，忌饮冰冻水，以防流产。

3. 哺乳期母羊的饲养管理

母羊哺育羔羊的时间一般为 3～4 个月，分为哺乳前期（前 2 个月）和哺乳后期（后 2 个月）。

(1) 哺乳前期　母羊的补饲重点要放在哺乳前期。羔羊出生后 15～20 天内，母乳是唯一的营养来源。母羊泌乳量越多，羔羊的生长越快，抗病力越强，成活率越高，所以应特别注意给母羊补饲。产单羔母羊每天喂精料 0.5 千克、青贮及鲜草 5 千克。

(2) 哺乳后期　母羊泌乳一般在产羔后 1 个月达到高峰，2 个月以后泌乳能力开始下降。3 月龄起，母乳只能满足羔羊营养需要的5%～10%。此期羔羊具有采食植物性饲料的能力，可以采食大量青草和粉碎饲料，对母乳依赖程度逐渐减小。对哺乳后期的母羊，应以放牧为主补饲为辅，逐渐取消补饲，只有当放牧条件或母羊膘情较差时，才酌情补饲些青干草或精料。

（四）育成羊的饲养管理

育成羊是指羔羊断乳1周后到第1次配种的青年羊，多在4～18月龄之间。

羔羊断奶后5～10个月生长很快，一般毛肉兼用和肉毛兼用品种公母羊增重可达15～20千克，营养物质需要较多。饲养时应按性别单独组群。

羔羊断奶时，不要同时断料。

夏季要抓好放牧，安排较好的草场，放牧距离不能太远。在冬、春季节，除放牧采食外，应适当补饲干草、青贮饲料、块根块茎饲料、食盐和饮水。补饲量应根据品种和各地的具体条件而定。

（五）羔羊的饲养管理

羔羊是指断奶前处于哺乳期间的羊只，我国羔羊多采用3～4月龄断奶。初生羔羊，要尽早吃到初乳。在羔羊1月龄内，要确保双羔和弱羔能吃到奶。对初生孤羔、缺奶羔羊和多胎羔羊，在保证吃到初乳的基础上，应找保姆羊寄养或人工哺乳，可用牛奶、山羊奶、绵羊奶、奶粉和代乳品等。

对初生弱羔、初产母羊或护仔行为不强的母羊所产羔羊，需人工辅助羔羊吃乳。

（1）羔羊补料　羔羊10日龄就可以开始训练吃草料，以刺激消化器官的发育。在圈内安装羔羊补饲栏（仅能让羔羊进去）让羔羊自由采食，少给勤添；待全部羔羊都会吃料后，再改为定时、定量补料，每只每日补喂精料50～100克。

羔羊出生后7～20天，晚上母仔在一起饲养，白天羔羊留在羊舍内，母羊在羊舍附近草场上放牧，中午回羊舍喂1次奶。为了便于“对奶”，可在母、仔体侧编上相同的临时编号，每天母羊放牧归来，必须仔细地对奶。羔羊20日龄后，可随母羊一道放牧。

羔羊1月龄后，逐渐转变为以采食为主，除哺乳、放牧采食外，可补给一定量的草料。例如，细毛羊和半细毛羊，1～2月龄每天喂2次，补精料150克；3～4月龄，每天喂2～3次，补精料200克。饲料要多样化，最好有玉米、豆饼、麦麸等三种以上的混合饲料和优质干草以及苜蓿、青割牧草等优质饲料。

羊舍内设足够的水槽和盐槽，也可在精料中混入0.5％～1.0％的食盐和2.5％～3.0％的矿物质饲喂。

（2）羔羊适时断奶　2月龄时母乳已经不能满足羔羊生长发育的需要，到60日龄时瘤胃的发育已接近成年羊的水平。羔羊以双月龄断奶效果好。断奶年龄最迟不超过4月龄。羔羊断奶后，有利于母羊恢复体况，准备配种，也能锻炼羔羊的独立生活能力。

羔羊断奶多采用一次性断奶方法，即将母、仔分开后，不再合群。母羊在较远处放牧或关入较远的羊舍，羔羊留在原羊舍饲养。母仔隔离 4～5 天，断奶成功。羔羊断奶后按性别、体质强弱分群放牧饲养，如同窝羔羊发育不整齐，也可采用分批断奶的方法。

（六）育肥羊的饲养管理

育肥方式以放牧育肥为主的绵、山羊，夏秋季节要充分延长每日有效放牧时间。北方有条件的地区，要尽可能利用夏季高山草场，早出晚归，中午不休息。在南方，尽量实行早牧和夜牧，白天炎热时将羊群赶回羊舍或在树阴下休息；在秋季，还可将羊群赶入已经收割作物的茬地放牧抓膘。

由放牧转入舍饲的育肥羊，要经过 3～5 天过渡期，只喂草和饮水，以后逐步加入精饲料，再经过 5～7 天，可加到育肥阶段的饲养标准。

在饲喂时，应避免过快地变换饲料种类和饲粮类型。用一种饲料代替另一种饲料，一般在 3～5 天内先替换 1/3，再在 3 天内替换 2/3，然后再全部替换完。用粗饲料替换精饲料，一般 10 天左右完成替换。

供饲喂用的各种青干草和粗饲草要铡短，块根块茎饲料要切片，饲喂时要少喂勤添，精饲料的饲喂每天可分 2 次投料。用青贮、氨化秸秆饲料喂羊时，喂量由少到多，逐步代替其他牧草。每只成年羊每天喂量，青贮饲料不超过 2.0～3.0 千克，氨化秸秆不超过 1.0～1.5 千克。

供饲喂用的草架和饲槽，其长度应与每只羊所占位置的长度和总羊数相称，以免饲喂时羊只拥挤和争食。

第二节　羊的放牧管理技术

林地养羊应根据各地不同情况，采取不同的生产方式。如地处山区的养羊户，有较大的放牧场地，广大的疏林山区、成片林地均可养羊；地处平原的养羊户，放牧的场地较少，可半牧半舍饲。只有因地制宜选择放牧场地、建设羊舍和进行引种，避免超载过牧、羊舍拥挤和引种不当，才能取得好的经济效益。

一、放牧方式

1. 自由放牧

自由放牧也叫无系统或无计划放牧，这种放牧是把牲畜赶到较大范围内的草地上，让牲畜自由采食。

本法简单易行，省工省钱，但缺点是优良牧草易遭摧残，弃荒率高，浪费严重；放牧频繁，草地退化；难以维持季节内饲草平衡，降低畜产品质量和数量等。自由放牧常用连续放牧、季节放牧等放牧方式。在天然草地和山区草山草坡采用自由放牧较普遍，也可在人工草地放牧，但切忌重牧。

2. 分区轮牧

用竹片、铁丝或用带刺的一些羊不喜食的小灌木等材料将草地分隔划区，有计划地分片放牧羊群，让草场有一定的休闲恢复时间，不致因过度放牧而遭受破坏。划区最好是利用自然地势条件，如利用 1～2 个山头之间的自然隔离条件，或有河岸等隔开，这样可节省很多的材料和劳力。

这种放牧方法对草地的利用较为充分合理；可改善植被成分，提高草地生产能力；能防止家畜寄生虫病的传播。在草原和有草山草坡的地区均可采用。

按以下步骤进行分区轮牧。

（1）划定草场，确定载畜量　根据草场类型、面积及产草量，划定草场；结合羊的日采食量和放牧时间，确定载畜量。

（2）划分小区　根据放牧羊群的数量和放牧时间以及牧草的再生速度，划分每个小区的面积和轮牧1次的小区数。轮牧1次一般划定为6～8个小区，羊群每隔3～6天轮换1个小区。

（3）确定放牧周期　全部小区放牧1次所需要的时间为放牧周期。放牧周期（天）＝每小区放牧天数×小区数。

放牧周期的确定，主要取决于牧草再生速度。在我国北部地区，不同草原类型的牧草生长期内，一般的放牧周期是，干旱草原30～40天，湿润草原30天，高山草原35～45天，半荒漠和荒漠草原30天。

（4）确定放牧频率　放牧频率是指在一个放牧季节内，每个小区轮回放牧的次数。放牧频率与放牧周期关系密切，主要取决于草原类型和牧草再生速度。在我国北方地区不同草原类型的放牧频率是，干旱草原2～3次，湿润草原2～4次，森林草原3～5次，高山草原2～3次，荒漠和半荒漠草原1～2次。

（5）小区布局　要考虑从任何一个小区到达饮水处和棚圈不应超过一定距离。以河流作饮水水源时可将放牧地沿河流分成若干小区，自下游依次上溯。如放牧地开阔水源适中时，可把畜圈扎在放牧地中央，以轮牧周期为 1 个月分成 4 个区，也可划分成多个小区；若放牧面积大，饮水及畜圈可分设两地，面积小时可集中于一处。

各轮牧小区之间应有牧道，牧道长度应缩小到最小限度，但宽度必须足够（0.3～0.5 米）。应在地段上设立轮牧小区标志或围篱，以防轮牧时造成混乱。

（6）放牧方法　参与小区轮牧的羊群，按计划在小区内依次逐区轮回放牧；同时要保证小区按计划依次休闲（图 2-1）。

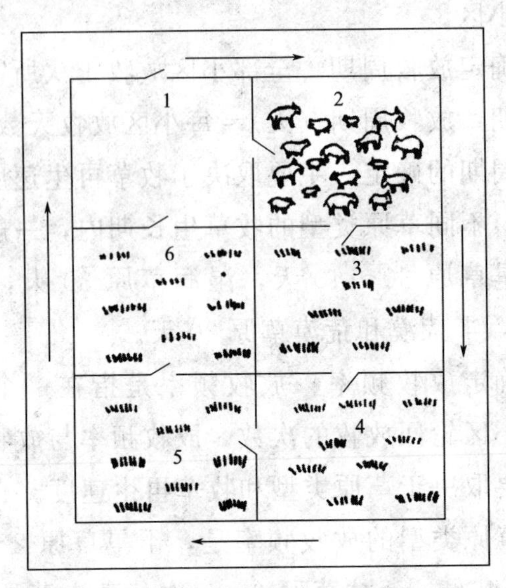

图 2-1　小区轮牧示意（赵有璋，羊生产学）

1—刚放牧过的小区；2—正在放牧的小区；3，4—待牧小区；5，6—休闲小区

二、林地草场的载畜量

不同类型的草场草种和产量相差悬殊。

以 1981 年浙江省草场的普查和自然草场的产草量的定点观察结果为例，不同草场的分布、产草情况和载畜能力如下（资料来源：叶廷飞等，牧草栽培与山羊饲养，2009）。

（1）疏林类草场　有少量的乔木和成林的灌木，草本植物以芒草、野古草、金茅、野青茅和纤毛鸭嘴草为主，产草量低，平均每亩产鲜草 259 千克，每 0.486 公顷草地养 1 只羊（成年羊）。

（2）灌木草丛类草场　灌丛类植物较多，主要有白栎、杜鹃、胡枝子、盐肤木、牡荆、乌药、小果蔷薇、山蚂蟥和小杂竹等，这类草场群落分散，木质多，可食部分少，适宜放牧山羊。平均每亩产鲜草 268 千克，每 0.466 公顷草地养 1 只羊。

（3）草丛类草场　植物种类以中禾为主，伴生一定比例的小灌丛。优势品种有芒草、野古草、蕨类、葛藤等中生或偏旱多年生植物，平均每亩产鲜草 383 千克，每 0.333 公顷草地养 1 只羊。

（4）草甸类草场　牧草质量较好，以大米草、牛鞭草、狗牙根、马唐、白茅和芦苇等为主体。平均每亩产鲜草 915 千克，每 0.133 公顷草地养 1 只羊。

（5）附带草场　包括林下草场、农隙地草场和林隙地草场，平均每亩产鲜草 550 千克，每 0.233 公顷（可利用面积）养 1 只羊。林下草场每亩产鲜草 483 千克，每 0.267 公顷养 1 只羊。在成片的森林里，树木都已长高，在不过牧的情况下，羊对树木的破坏不大。

据龚玉萱等（1990）报道，会同县七里村、小水村现有林间天然草地，平均 2.6 亩养 1 只羊，为留有余地，防止过牧，实施三区轮牧，4 亩林间草场养 1 只山羊是合理的。据放牧观察，无过牧生态现象。同时还可使林地除木材收入外，每年 4 亩林地可生产出一个羊单位的畜产品，从而大大提高了土地的利用率和生产水平。

三、选择适宜的放牧时期和放牧次数

1. 放牧时期

根据不同草地的牧草生长发育规律，应选择适宜的放牧时期，以有利于再生草的生长，产量高，营养丰富。放牧时间不宜过早或过迟，放牧过早，会降低牧草产量，而混播的人工草地中的优良牧草还会逐渐减少，影响产量和质量；放牧过晚，牧草品质、适口性、利用率和消化率都会降低。一般天然草地的放牧时期，以多数牧草处于营养生长后期时放牧为宜；混播多年生人工放牧草地，以禾本科牧草为拔节期、豆科牧草在腋芽发生期时放牧为宜。

2. 放牧采食高度

放牧后牧草剩余的高度越低，利用牧草越多，浪费越少，但牧草营养物质储存量减少，再生能力减弱，抗寒能力也会降低，使产草量下降，须根据各类牧草的生物学特性和当地的土壤、气候条件确定适宜的放牧留茬高度。一般放牧留茬高度以 2～5 厘米为宜。轮换或混合畜群放牧，既能提高载畜量，又可调剂放牧后的牧草留茬高度。

3. 放牧次数

放牧次数是指某一草地，在 1 年中或牧草营养生育期内放牧的次数。放牧次数过多，牧草再生力弱，优质牧草会减少，草地易退化。必须根据草地牧草的生长发育规律、自然条件，确定适宜的放牧次数。

4. 放牧间隔时间

放牧间隔时间即第 1 次放牧结束到第 2 次开始放牧所相隔的天数。放牧间隔时间，应根据牧草再生速度而定。当再生速度快、生长繁茂时，间隔的时间一般为 20～30 天；再生速度慢、牧草长势差的，则放牧间隔时间应较长，一般为 40～50 天。

四、放牧羊群的组织和队形控制

1. 羊群组群与大小

(1) 组群　组织放牧羊群应根据羊只的数量、羊别（绵羊与山羊）、品种、性别、年龄、体质强弱和放牧场的地形地貌而定。

羊数量较多时，同一品种可分为种公羊群、试情公羊群、成年母羊群、育成公羊群、育成母羊群、羯羊群和育种母羊核心群等。

羊数量少，不能多组群时，应将种公羊单独组群，母羊可分成繁殖母羊群和淘汰母羊群。非种用公羊应去势，防止劣质公羊在群内杂交乱配，影响羊群质量。

（2）羊群大小　要根据羊的质量、生产性能和牧地的地形与牧草生长情况来定。一般种公羊群要小于繁殖群，高产性能的羊群要小于低产性能的羊群。地形复杂、植被不好，不宜大群放牧的地区，羊群要小。

在牧区放牧羊群的规模，繁殖母羊牧区以250～500只、半农半牧区100～150只、山区50～100只、农区30～50只为宜；育成公羊和母羊可适当增加，核心群母羊可适当减少；成年种公羊以20～30只、后备种公羊以40～60只为宜。

2. 放牧羊群的队形与控制

为了控制羊群游走、休息和采食时间，使其多采食、少走路而有利于抓膘，放牧时应通过一定的队形来控制羊群。羊群放牧的基本队形主要有“一条鞭”和“满天星”两种。

（1）一条鞭　是指羊群放牧时排列成“一”字形的横队。羊群横队里一般有1～3层。放牧员在羊群前面控制羊群前进的速度，使羊群缓缓前进，并随时命令离队的羊只归队，如有助手可在羊群后面防止少数羊只掉队。出牧初期是羊采食高峰期，应控制住带头羊，放慢前进速度；当放牧一段时间，羊快吃饱时，前进的速度可适当快一点；待到大部分羊只吃饱后，羊群出现站立不采食或躺卧休息时，放牧员在羊群左右走动，不让羊群前进；羊群休息反刍结束，再令羊群继续放牧。此种放牧队形，适用于牧地比较平坦、植被比较均匀的中等牧场。春季采用这种队形，可防止羊群“跑青”。

（2）满天星　是指放牧员将羊群控制在牧地的一定范围内让羊只自由散开采食，当羊群采食一定时间后，再移动更换牧地。散开面积的大小，主要取决于牧草的密度。牧草密度大、产量高的牧地，羊群散开面积小，反之则大。此种队形，适用于任何地形和草原类型的放牧地，牧草优良、产草量高的优良牧场或牧草稀疏、覆盖不均匀的牧场均可采用。

五、补饲饲料

以放牧为主的绵、山羊，全靠放牧采食，不能满足营养需要。加工调制和储备足够的饲草饲料用于冷季补饲，是提高养羊业生产水平的重要措施之一。

1. 补饲定额

在枯草期，根据羊群放牧采食状况，及时开始补饲，补饲量从少到多直至翌年牧草返青，放牧采食能满足营养需要时为止。补饲量取决于羊群种类、放牧条件及补饲用料种类等。对当年断奶越冬羔羊应重点补饲。对种公羊和核心母羊群的补饲应多于其他种类羊。一般每只羊日补饲0.5～1.0千克干草和0.1～0.4千克混合精料。有条件的应储备青贮料、干草和秸秆氨化饲料。表2-1列出西北地区肉羊及其高代杂种羊补饲定额，供参考。

2. 补饲饲料的种类

补饲饲料的种类可分为植物性饲料、动物性饲料、矿物性饲料及其他特殊饲料。其中，植物性饲料包括粗饲料、青贮饲料、多汁饲料和精料，对羊特别重要。

表 2-1 西北地区肉羊及其高代杂种羊补饲定额

羊别	补饲定额/[千克/(只·年)]		
	混合精料	多汁饲料	青干草
种公羊	180～360	105～210	180～360
成年母羊	30～45	75～150	75～150
育成公羊	27～45	30～45	38～75
育成母羊	15～30	30～45	38～75
羔羊	5～10	—	10～20

注：另外还补充适量秸秆。

要防止感染寄生虫。在肝片吸虫、绦虫、线虫等寄生虫的生活史中，螺、螨、蚂蚁等是中间宿主，这些宿主在潮湿阴雨、晨露等环境中活动频繁。山羊如采食了寄生虫宿主密度大的饲草，就会感染寄生虫。在早晨和雨天不宜放牧，一般要待露水退去后再把羊群放出去；采割回来的鲜草，也应该晾干后再喂羊；有条件的应该对草地每年进行 1 次消毒。

第三节 林地养羊注意事项

一、处理好林牧矛盾

① 统一规划放牧区，严禁幼林和农作区放牧。

② 集中更新营林，实行成片造林，尽量减少幼林地与中、成林地的插花分布。

③ 采用林下放牧时，幼林在管理过程中，必须把主干 1.5 米以下的枝条和萌条修剪掉，促进幼林高生长和径

生长，避免山羊以枝做踏脚攀高采食树叶，压断树木造成林木的毁坏。当幼林长高到 1.5 米、胸径达 2.5 厘米以上，主干坚挺直立时便可以林下放牧。

二、采取措施，保护林木

① 有固定专人跟牧放养，并注意训练好“头羊”，既可防止山羊破坏幼林，又可明显提高经济效益。

② 发现羊有损树现象，立即阻止，就能养成羊不损树的习惯。山羊比绵羊损树多，放养山羊时更应注意看管好。

③ 选留不损树的种公羊。一般公山羊爱啃树又爱用羊角蹭树，并且爱吃幼树枝叶，损坏幼树。可以注意选留不损树的公山羊，选留无角公山羊或给幼公羊去角。及时阉割不作种用的公羊。

④ 把羊喜欢啃的臭椿、柳树等和路旁田边植树，秋后落叶时用羊粪水（七份羊粪、三份黄土加水搅拌成粥状），把羊能够啃到的树干都刷上，羊就不啃了。嫁接的树及幼树还可以在四周用干树枝扎捆起来。

⑤ 栽植羊不吃的树种。桐树、核桃树、花椒树的枝叶、树皮羊一般都不吃。

第三章 林地养羊疾病诊断和合理用药

第一节 羊病的临床诊断

一、羊的正常生理指标

羊的正常生理指标见表3-1。

表3-1 羊的正常生理指标

畜种	体温/℃	脉搏/(次/分钟)	呼吸/(次/分钟)	反刍/(次/昼夜)
绵羊	38.3～39.9	70～80	12～14	4～8
山羊	38.5～39.7	70～80	10～20	4～8

二、个体羊临床诊断

个体羊检查是通过看、嗅、问、触、听，综合起来加以分析，可以对疾病做出初步诊断。

1. 看、望（视诊）

观察病羊的表现。最好先从离病羊几步远的地方观察羊的肥瘦、姿势、步态等情况；然后靠近病羊详细察看被毛、皮肤、黏膜、结膜、粪尿等情况。

（1）肥瘦　一般急性病，如急性胸胀、急性炭疽等，病羊身体仍然肥壮；相反，一般慢性病，如寄生虫病等，病羊身体多瘦弱。

（2）姿势　观察病羊一举一动是否与平素相同，如果不同，就可能是有病的表现。有些疾病表现出特殊的姿势，如破伤风表现为四肢僵直、行动不灵便。

（3）步态　一般健康羊步态活泼而稳定。羊患病时，常表现行动不稳，或不喜行走。当羊的四肢肌肉、关节或胯部发生疾病时，则表现为跛行。

（4）毛和皮肤　健康羊的被毛平整而不易脱落，富有光泽。在病理状态下，被毛粗乱蓬松，失去光泽，而且容易脱落。患螨病的羊，局部被毛可成片脱落，同时皮肤变厚、变硬，出现蹭痒和擦伤。在检查皮肤时，除注意皮肤的颜色外，还要注意有无水肿、炎性肿胀、外伤以及皮肤是否温热等。

（5）黏膜　一般健康羊的眼结膜、鼻腔、口腔、阴道和肛门黏膜呈光滑粉红色。如口腔黏膜发红，多半是由于体温升高，身体上有发炎的地方。黏膜发红并带有红点、血丝或呈紫色，是由于严重的中毒或传染病引起的；黏膜苍白，多为患贫血病所致；呈黄色，多为患黄疸病；呈蓝色，多为肺脏、心脏患病。

（6）采食、饮水、口腔、粪尿　羊采食或饮水忽然增多或减少，以及喜欢舔泥土、吃草根等，也是有病的表现，可能是慢性营养不良。反刍减少、无力或停止，表示羊的前胃有病。口腔有病时，如喉头炎、口腔溃疡、舌有烂伤等，打开口腔就可以看出来。羊的粪便也要检查，主要检查其形状、硬度、色泽及附着物等。正常时，羊粪呈小球形，没有难闻臭味；病理状态下，粪便有特殊臭味，见于各型肠炎；粪便过于干燥，多为缺水和肠弛缓，粪便过于稀薄，多为肠机能亢进；前部肠管出血，粪呈黑褐色，后部出血则是鲜红色；粪内有大量黏液，表示肠黏膜有卡他性炎症；粪便混有完整谷粒、纤维很粗，表示消化不良；混有纤维素膜时，表示为纤维素性肠炎；混有寄生虫及其节片时，体内有寄生虫。正常羊每天排尿3～4次，排尿次数和尿量过多或过少，以及排尿痛苦、失禁，都是有病的征候。

（7）呼吸　呼吸正常时，羊每分钟呼吸12～20次。呼吸次数增多，见于热性病、呼吸系统疾病、心脏衰弱及贫血、腹压升高等病症；呼吸次数减少，主要见于某些中毒、代谢障碍、昏迷。另外，还要检查呼吸型、呼吸节律以及呼吸是否困难等。

2. 闻（嗅）

嗅诊主要应用于嗅闻病羊的呼出气体、口腔气味及病羊分泌物、排泄物以及其他病理性产物的气味。如呼出气体及鼻液有特殊腐败臭味是提示呼吸道及肺脏有坏疽性病变的重要线索；尿液及呼出气体有酮味，提示羊有酮病；阴道分泌物有腐败臭味，可见于子宫蓄脓或胎衣滞留及阴道尿道炎等。

3. 问

问诊是通过询问畜主或饲养员，了解羊发病的有关情况。询问内容一般包括发病时间、发病只数、病前和病后的异常表现、以往的病史、治疗情况、免疫接种情况、饲养管理情况，以及羊的年龄、性别等。但在听取其回答时，应考虑所谈情况与当事人的利害关系（责任），分析其可靠性。

4. 触

触诊是用指或手指尖感触被检查的部位，并稍加压力，以便确定被检查的各个器官组织是否正常。触诊常用如下几种方法。

（1）皮肤检查　主要检查皮肤的弹性、温度、有无肿胀和伤口等。羊的营养不好，或得过皮肤病，皮肤就没有弹性。发高热时，体温会升高。

（2）体温检查　一般用手摸羊耳朵或把手插进羊嘴里握住舌头，可以知道病羊是否发热。但是准确的方法是用体温表测量。

在给病羊量体温时，先把体温表的水银柱甩下去，涂上油或水以后，再慢慢插入羊的肛门内，体温表的 1/3 留在肛门外面，插入后滞留的时间一般为 2～5 分钟。羊的体温，一般幼羊比成年羊高一些，热天比冷天高一些，运动后比运动前高一些，这都是正常的生理现象。羊的正常体温是 38～40℃。如高于正常体温，则为发热，常见于传染病。

（3）脉搏　检查时，注意每分钟跳动次数和强弱等。

检查羊脉搏的部位，是用手指摸后肢股部内侧的动脉。健康羊每分钟脉搏跳动 70～80 次。羊有病时，脉搏的跳动次数和强弱都与正常羊不同。

（4）体表淋巴结检查　主要检查颌下、肩前、膝上和乳房上淋巴结。当羊发生结核病、伪结核病、羊链球菌病时，体表淋巴结往往肿大，其形状、硬度、温度、敏感性及活动性等也会发生变化。

（5）人工诱咳　检查者立在羊的左侧，用右手捏压气管前 3 个软骨环，羊有病时，就容易引起咳嗽。羊发生肺炎、胸膜炎、肺结核时，咳嗽低弱；发生喉炎及支气管炎时，则咳嗽强而有力。

（6）叩诊　叩诊是对病羊体表的某一部位进行叩击，根据叩击所发出的音响的特性，去判断被检查器官、组织的病理状态的一种方法。

在羊病诊断上多采用直接叩诊法，即用一个或数个并拢且呈屈曲的手指，向病羊体表的某一部位轻轻叩击。如羊瘤胃臌气时，通过叩击可判断臌气的程度。在肺区叩击，如反应敏感则应怀疑肺炎或胸膜肺炎。在心区叩诊，如反应敏感，则应怀疑心肌炎。

5. 听诊

听诊是利用听觉去辨别音响的一种检查方法。听诊可分为直接听诊和间接听诊法，在羊病诊断上多采用间接听诊法，即用听诊器听诊。听诊的内容有如下方面。

（1）心音听诊　听取心音的频率、强度、性质、节律以及是否有心杂音、心包摩擦音及拍水音等。

（2）呼吸系统听诊　通过听诊判定呼吸的次数、强度、节律，辨别病理呼吸音及胸膜的病理性变化等。

（3）消化系统听诊　听取胃肠的蠕动音，判定其频率、强度、性质，以及腹腔的振荡音等。

听诊的注意事项如下。

① 听诊时一般应选择在安静的地方进行。

② 依据检查的目的，检查者应取适当的姿势。

③ 听诊器的接耳端，要适宜地插入检查者的外耳道，接体端要紧密地放在病羊的体表检查部位。

④ 注意避免一切可能发生的杂音，如听诊器胶管与手臂、衣服、被毛的摩擦音等。

⑤ 检查者在听声音时，要注意观察动物的动作，如听呼吸音时要注意呼吸动作等。

三、群体检查

1. 运动时的检查

检查者位于羊群旁边或进入羊群内。首先，观察羊的精神外貌和姿态步样。健康羊精神活泼，步态平稳，不离群，不掉队。而病羊多精神不振，沉郁或兴奋不安，步行踉跄或呈旋回状，跛行，前肢软弱跪地或后肢麻痹，有时突然倒地发生痉挛等。发现这些异常表现的羊时，应将其剔出做个体检查。其次，注意观察羊的天然孔及分泌物。健康羊鼻镜湿润，鼻孔、眼及嘴角干净；病羊则表现鼻镜干燥，鼻孔流出分泌物，有的羊鼻孔周围污染脏土杂物，眼角附着脓性分泌物，嘴角流出唾液，发现这样的羊，应将其剔出复检。

2. 休息时的检查

检查者位于羊群周围，保持一定距离。首先，有顺序并尽可能地逐只观察羊的站立和运动姿态。健康羊吃饱后多合群卧地休息，时而进行反刍，当有人接近时常起立离去。病羊常独自呆立一侧，肌肉震颤及痉挛，或离群单卧，长时间不见其反刍，有人接近也不理睬。发现这样的羊应做进一步检查。其次，与运动时的检查一样要注意羊的天然孔、分泌物及呼吸状态等，当发现口、鼻及肛门等处流出异常分泌物及排泄物，鼻镜干燥和呼吸迫促时，也应剔出。再次，注意被毛状态，如发现被毛有脱落，无毛部位有痘疹或痂皮时，也要剔出做进一步检查。休息时的检查还要听羊的各种声音，如听到磨牙声、咳嗽声或喷嚏声时，也要剔出复检。

3. 摄食和饮水时的检查

是在放牧、喂饲或饮水时对羊的食欲及摄食饮水状态进行观察。健康羊在放牧时多走在前头，边走边吃草，饲喂时也多抢着吃草，当饮水时或放牧中遇见水时，多迅速奔向饮水处，争先喝水。病羊吃草时，多落在后边，时吃时停，或离群停立不吃草，当全群羊吃饱后，病羊的腰窝（腰部）仍不膨起，饮水时或不喝或暴饮，如发现这样的羊，应予剔出。

四、病理剖检

病理剖检是对羊病进行现场诊断的一种方法。羊发生了传染病、寄生虫病及中毒性疾病时，病羊的器官组织常呈现出特征性病理变化，通过剖检便可快速作出诊断。临诊剖检时，除了肉眼观察外，在必要时可采集病料进行病理组织学及微生物学检查。

（一）尸体剖检注意事项

剖检所用器械要预先高压灭菌。剖检前应对病死羊或病变部位进行仔细检查，如怀疑炭疽时，应先采耳尖血涂片镜检，排除炭疽后方可进行剖检。剖检时间愈早愈好，一般应不超过 24 小时，特别是夏季，尸体腐败后影响观察和诊断。剖检时应注意环境清洁，注意消毒，尽量减少对周围环境和衣物的污染，并注意做好个人防护。剖检后将尸体和污染物做深埋处理，在尸体上撒上生石灰或10％的石灰乳、4％氢氧化钠溶液等消毒剂。污染的表层土壤铲除后投入坑内，埋好后对埋尸地面要再次消毒。

（二）剖检方法和程序

为了全面系统地观察尸体内各组织、器官所呈现的病理变化，尸体剖检必须按照一定的方法和程序进行，具体程序如下。

1. 外部检查

主要包括羊的品种、性别、年龄、毛色、营养状况、皮肤等一般情况的检查，死后变化，口、眼、鼻、耳、肛门及外生殖器等天然孔检查，并注意可视黏膜的变化。

2. 剥皮及皮下检查

（1）剥皮方法　尸体仰卧固定，由下颌间隙经过颈、胸、腹下（绕开阴茎或乳房、阴户）至肛门做一纵切口，再由四肢系部经内侧至上述切线做4条横切口，然后剥离全部皮肤。

（2）皮下检查　应注意检查皮下脂肪、血管、血液、肌肉、外生殖器、乳房、唾液腺、舌、眼、扁桃体、食管、喉、气管、甲状腺、淋巴结等的变化。

3. 腹腔的剖开与检查

（1）腹腔的剖开与腹腔器官的取出　剥皮后使尸体左侧卧位，从右侧肋窝部沿肋骨弓至剑状软骨切开腹壁，再从髋关节至耻骨联合切开腹壁。将这三角形的腹壁向腹侧翻转即可暴露腹腔。检查有无肠变位、腹膜炎、腹水、腹腔积血等异常。在横膈膜之后切断食管，用左手插入食道向后牵拉，右手持刀将胃、肝脏、脾脏背部的韧带和后腔静脉、肠系膜根部切断，即可取出腹腔脏器。

（2）胃的检查　从胃小弯处瓣皱胃孔开始，沿瓣胃大弯、网瓣胃孔、网胃大弯、瘤胃背囊、食管、右侧沟线路切开，同时注意内容物的性质、数量、质地、颜色、气味、组成及黏膜的变化，特别应注意皱胃的黏膜炎症和寄生虫，瓣胃的阻塞状况，网胃内的异物、刺伤或穿孔，瘤胃内容物的状态等。

（3）肠道的检查　检查肠外膜后，沿肠系膜附着缘对侧剪开肠管，重点检查内容物和肠系膜，注意肠内容物的质地、颜色、气味和黏膜的各种炎症变化。

（4）其他器官的检查　主要包括肝脏、胰脏、脾脏、肾脏、肾上腺等，重点注意这些器官的颜色、大小、质地、形状、表面、切面等有无异常变化。

4. 骨盆腔器官的检查

除输尿管、膀胱、尿道外，重点检查公畜的精索、外生殖器官，母羊的卵巢、输卵管、子宫角、子宫体位置及表面和内部的异常变化。

5. 胸腔器官的检查

检查心脏时应注意心包液的数量、颜色，心脏的大小、形状、软硬度、心室和心房的充盈度、心内膜和心外膜的变化。检查肺脏时，重点注意肺脏的大小变化、表面有无出血点和出血斑、是否发生实变、气管和支气管内有无寄生虫等。

6. 脑的取出与检查

先沿两眼的后沿用锯横向锯断，再沿两角外缘与第一锯相连锯开，并于两角的中间纵锯一正中线，然后两手握住左右角用力向外分开，使颅顶骨分成左右两半，即可露出脑。应注意检查脑膜、脑脊液、脑回和脑沟的变化。

7. 关节的检查

尽量将关节弯曲，在弯曲的背面横切关节囊。注意囊壁的变化，确定关节液的数量、性质及关节面的状态。

五、病料的采取和保存、运送

1. 采取

（1）剖检前检查　凡发现羊急性死亡时，必须先用显微镜检查其末梢血液涂片中有无炭疽杆菌存在。如怀疑是炭疽，则不可随意剖检，只有在确定不是炭疽病时，方可进行剖检。

（2）取材时间　内脏病料的采取，须于死亡后立即进行，最好不超过6小时，时间过长，由于肠内侵入其他细菌，易使尸体腐败，影响病原微生物检出的准确性。

（3）器械的消毒　刀、剪、镊子、注射器、针头等应煮沸数分钟。器皿（玻璃制、陶制、玛瑙制等）可采用高压灭菌或火烤灭菌。软木塞、橡皮塞置于0.5%石炭酸水溶液中煮沸10分钟。采取一种病料，使用一种器械和容器，不可混用。

（4）病料采取　应根据不同的传染病，相应地采取该病常受侵害的脏器或内容物。如败血性传染病可采取心、肝、脾、肺、肾、淋巴结、胃、肠等；肠毒血症采取小肠及其内容物；有神经症状的传染病采取脑、脊髓等。如无法判定是哪种传染病，可进行全面采取。检查血清抗体时，采取血液，凝固后析出血清，将血清装入灭菌小瓶中送检。为了避免杂菌污染，对病变的检查应待病料采取完毕后再进行。

2. 保存

病料采取后，如不能立即检验，应加入适量的保存剂，使其尽量保持新鲜状态。

（1）细菌检验材料的保存　将采取的脏器组织块，保存于饱和氯化钠溶液中或30%甘油缓冲盐溶液中，容器加塞密封。

（2）病毒检验材料的保存　将采取的脏器组织块，保存于50%PBS（磷酸盐缓冲液，pH值为7.2）中或鸡蛋生理盐水中，容器加塞密封。

（3）病理组织学检验材料的保存　脏器组织块放入10%甲醛溶液中或95%的酒精中固定；固定液的用量应为病料量的10倍以上。如用10%甲醛溶液固定，应在24小时后换液1次。严寒的冬季为防止病料冻结，可将上述固定好的组织块取出，保存于甘油和10%甲醛的等量混合液中。

3. 病料的运送

装病料的容器要一一标记，详细记录，并附病料送检单。病料包装要求安全稳妥，对危险材料、怕热或怕冻的材料，要分别采取措施。

六、实验室诊断

羊的个体或群体发生疫病时，有时凭临诊诊断和病理剖检仍不能做出确诊，常常需要采集病料进行实验室诊断。实验室诊断是羊病综合诊断的重要方法，它往往是在流行病学调查、临诊诊断及病理剖检的基础上进行的，是确诊羊病的重要手段之一。羊病实验室诊断的一般程序和方法如下。

（一）细菌学检验

1. 涂片镜检

将病料涂于清洁的载玻片上，干燥后在酒精灯火焰上固定，选用单色染色法（如美蓝染色法）、革兰染色法、抗酸染色法或其他特殊染色法染色镜检，根据所观察到的细菌形态特征，做出初步诊断或确定下一步检验的步骤。

2. 分离培养

根据所怀疑的传染病病原菌的特点，将病料接种于适当的细菌培养基上，在一定温度（常为 35℃）下进行培养，获得纯培养菌后，再用特殊的培养基培养，进行细菌的形态学、培养特性、生化特性、致病力和抗原性鉴定。

3. 动物试验

用灭菌生理盐水将病料做成 1∶10 悬液，或利用分离培养获得的细菌液感染实验动物，如小鼠、大鼠、豚鼠、家兔等。感染方法可用皮下、肌内、腹腔、静脉或脑内注射。感染后按常规隔离饲养，注意观察，有时还需要对某种实验动物进行体温测量；如有死亡，应立即进行剖检及细菌学检查。

（二）病毒学检验

以无菌手段采集的病料组织，用 PBS 液（磷酸盐缓冲溶液）反复冲洗 3 次，然后将组织剪碎、研磨，加 PBS 液制成 1∶10 悬液（血液或渗出液可直接制成 1∶10 悬液）以 2000～3000 转/分钟的速度离心沉淀 15 分钟，每毫升加入青霉素和链霉素各 100 万国际单位，置冰箱中备用。

把样品接种到鸡胚或细胞培养物上进行培养。对分离到的病毒，用电子显微镜检查，并用血清学试验及动物试验等进行物理化学和生物学特性的鉴定。或将分离培养得到的病毒液，接种易感动物。

（三）寄生虫检验

羊寄生虫病的种类很多，但其临诊症状除少数羊只外都不够明显。诊断往往需要进行实验室检验。

1. 粪便检查

粪便检查是寄生虫病生前诊断的一个重要手段。羊患蠕虫病后，其粪便中可以排出蠕虫的卵、幼虫、虫体及其断片，某些原虫的卵囊、包囊也可通过粪便排出。检查时，粪便应从羊的直肠挖取或使用刚刚排出的粪便。用粪便进行虫卵检查时，常用的方法如下。

（1）直接涂片法　在洁净的载玻片上滴 1～2 滴清水，用火柴梗蘸取少量粪便放入其中，涂匀，剔去粗渣，盖上盖玻片，置于显微镜下观察。此方法快速简便，但检出率很低，可多检几个标本。

（2）漂浮法　取羊粪约 10 克，加少量饱和盐水，用小棒将羊粪捣碎，再加 10 倍量的饱和盐水搅匀，用孔径 0.25 毫米的铜筛过滤，静置 20 分钟，用直径 5～10 毫米的铁丝圈，与液面平行蘸取表面液膜，抖落在载玻片上并盖上盖玻片，置于显微镜下检查。该方法能查出多种类别的线虫卵和一些绦虫卵，但密度大于饱和盐水的吸虫卵和棘头虫卵效果不明显。

（3）沉淀法　取羊粪 5～10 克，放在 20.0 毫升烧杯内，加入少量清水，用小棒将羊粪捣碎，再加 5 倍量的清水调制成糊状，用孔径 0.25 毫米的铜筛过滤，静置 15 分钟，弃去上清，保留沉渣。再加满清水，静置 15 分钟，弃去上清，保留沉渣。如此反复 3～4 次，最后将沉渣涂于载玻片上，置于显微镜下检查。该法主要用于诊断虫卵密度大的羊吸虫病。

2. 虫体检查法

（1）蠕虫虫体检查　将一定量的羊粪盛于盆内，加入约 10 倍量的生理盐水，搅拌均匀，静置沉淀 10～20 分钟后，弃去上清液，再于沉淀物中重新加入生理盐水，如此反复 2～3 次，最后取沉淀物于黑色背景上，用放大镜寻找虫体。如粪中混有绦虫节片，可直接用肉眼观察到如米粒样的白色孕卵节片，有的还能蠕动。

（2）蠕虫幼虫检查　取被检样的新鲜粪球 3～10 粒，放在平皿内，加入适量 40℃的温水，10～15 分钟后，取出粪球；将留下的液体放在低倍镜下检查。一般幼虫多附着于粪球表面，所以幼虫很快会移到温水中，而沉于水的底层。此方法常用于羊肺线虫病的检查。

（3）螨的检查　首先剪毛去掉干硬的痂皮，然后用锐利的刀片在患病部位与健康部位的交界处刮去病料（刮的深度以局部微微出血为宜）放在烧杯内，加适量 10%氢氧化钾溶液，置室温下过夜或直接放在酒精灯上煮数分钟，待皮屑溶解后取沉渣涂片镜检。也可直接取少许病料于载玻片上，然后加 50%的甘油水 2～3 滴，盖好盖玻片镜检。后者的检虫率低，需要多取几次样品检查。

（四）生物学诊断技术

在羊传染病检验中，经常使用免疫学检验法。常用的有凝集反应、沉淀反应、补体结合反应、中和试验等血清学方法，以及用于某些传染病生前诊断的变态反应等。近年来又研究出许多新方法，如免疫扩散、荧光抗体技术、酶标记技术、单克隆抗体技术和 PCR 诊断技术等。

第二节　林地养羊合理用药

一、常用给药方法

主要有口服、直肠灌注和注射 3 种。

(1) 口服　驱除羊体内寄生虫和治疗胃肠疾患的药物大多数由口灌服。方法是令羊站立，用腿夹住颈部，或者由助手抱住羊的颈部，给药人用左手拇指从羊嘴角插入，压住舌头，同时用右手将药瓶的瓶嘴从另一嘴角伸入羊嘴内，左手将羊头轻轻提起，然后将药液均匀地倒入。如药液较多，要缓慢灌服，防止灌得过猛而呛入气管。

(2) 直肠灌注　便秘或驱除大肠后段寄生虫时，可用直肠灌注法。方法是站立绑定病羊，将灌肠管慢慢插入肛门，再提起漏斗把药物徐徐灌入肠内，如药液流得太慢，可轻轻抽动管子，加快药液灌入速度。

(3) 注射　分皮下注射、肌内注射和静脉注射 3 种。皮下注射在股内侧进行，根据笔者的经验，为了提高注射速度，也可在前腿内侧有皱褶处进行，但无论在什么部位，都要用左手提起欲注射部位皮肤，使其形成皱褶，然后将针头成 15 度角插入皮下进行注射。肌内注射多在大腿内、外侧肌内或颈部肌内进行，以颈部肌内注射为好，便于操作。在大腿内、外侧进行肌内注射，不仅部位难掌握、难操作，也容易将针头插到骨头，造成注射羊跛行。肌内注射不需要将皮肤提起，针头垂直刺入皮肤，刺入时要注意深度适中，不能刺进血管。静脉注射的主要部位是颈静脉，注射时病羊站立或横卧，方法是在颈部注射部位剪毛消毒（在实际工作中也可直接消毒），用左手压住颈部下端阻止血液回流，这时静脉鼓起似索状，右手将针头刺入，如果针头刺中静脉，注射器内会有血液流入，这时就可以进行颈静脉注射。如果针头插入过深，可慢慢退出一些，直至针筒内出现血液为止。

二、科学、安全用药

羊场应通过保持良好的饲养管理，增强羊的自身免疫力，尽量减少疾病的发生，减少药物的使用量；确需使用治疗药物的，经实验室确诊后，应正确选择药物，制定出合适的用药方案。

（1）坚持预防为主，防治结合的原则　在各个环节认真做好日常消毒、疫苗接种和药物预防等工作。

（2）正确诊断，对症治疗　选择疗效高、副作用小、安全廉价的药物，避免盲目滥用。不滥用抗生素。

（3）正确掌握药物剂量和疗程　根据药物的理化性质、副作用及病情正确选择用量和疗程。

（4）不使用禁用药物，严格遵守药物的停药期　预防、治疗和诊断疾病所用的兽药均应来自具有兽药生产许可证，并获得农业部颁发的中华人民共和国兽药证书的兽药生产企业，或农业部批准注册进口的兽药，其质量均应符合相关的兽药国家质量标准。优先使用绿色食品允许使用的抗寄生虫和抗菌化学药品。农业部公布的食品动物禁用兽药及其他化合物清单见附录2。

（5）做好兽药使用记录　用药记录至少应包括用药的名称（商品名和通用名）、剂型、剂量、给药途径、疗程，药物的生产企业、产品的批准文号、生产日期、批号等。使用兽药的单位或个人均应建立用药记录档案，并保存1年（含1年）以上。应对兽药的治疗效果、不良反应做观察记录；发现可能与兽药使用有关的严重不良反应时，应当立即向所在地人民政府兽医行政管理部门报告。

羊场常用药物及其作用和用途、用法与用量见表3-2。

表3-2　羊场常用药物

药物	作用和用途	用法与用量
青霉素	青霉素主要治疗呼吸系统感染、乳腺炎、子宫炎、化脓性腹膜炎、恶性水肿、气肿疽、气性坏疽、肾盂肾炎及创伤感染等，对泌尿系统感染及恶性水肿、放线菌病等也有良好效果	青霉素G钾（或钠）盐粉针剂：以灭菌生理盐水或注射用水溶解，肌内注射；以生理盐水或5%葡萄糖注射液稀释至每毫升5000国际单位以下浓度，静脉注射。每天2～4次，每次每千克体重2万～3万国际单位
链霉素	链霉素抗菌谱比青霉素广，主要用于敏感菌所致的急性感染，如大肠杆菌、巴氏杆菌、布氏杆菌、沙门菌等引起的肠炎、乳腺炎、子宫炎、肺炎、败血症等	注射用硫酸链霉素：每次每千克体重10～15毫克，每天2次，连用2～3天
头孢噻呋	临床常用于治疗急性呼吸系统感染、乳腺炎等	注射用头孢噻呋：肌内注射，每次每千克体重3毫克，每天1次，连用3天。 盐酸头孢噻呋注射液：肌内注射，每次每千克体重3～5毫克，每天1次，连用3天
庆大霉素	抗菌谱广，抗菌活性较链霉素强。临床主要用于耐药金黄色葡萄球菌、绿脓杆菌、变形杆菌和大肠杆菌感染及泌尿道感染、乳腺炎、子宫内膜炎和败血症等，内服还可用于治疗肠炎和细菌性腹泻	硫酸庆大霉素注射液：肌内注射，每千克体重每次2～4毫克，每天2次

续表

药物	作用和用途	用法与用量
土霉素	广谱抗生素，主要用于治疗敏感菌(包括对青霉素、链霉素耐药菌株)所致的各种感染，如布氏杆菌病等。此外，对防治羊的支原体病、放线菌病、球虫病、钩端螺旋体病等也有一定疗效。作为饲料添加剂，对畜禽有促进生长的作用	土霉素片：内服，每次每千克体重10～25毫克，每天2～3次；成年反刍动物不宜内服。 土霉素注射液：每次每千克体重10～20毫克。 其他：参见土霉素片。 注射用盐酸土霉素：静脉或肌内注射，每次每千克体重5～10毫克，每天2次。静脉注射配成0.5%浓度，用5%葡萄糖注射液或氯化钠注射液溶解；肌内注射，配成5%浓度，最好用专用溶液每100毫升中含氯化镁5克、盐酸普鲁卡因2克溶解。 长效土霉素注射液：每次每千克体重10～20毫克。 长效盐酸土霉素注射液：每次每千克体重10～20毫克
盐酸多西霉素	临床上用于治疗畜禽的支原体病、大肠杆菌病、沙门菌病、巴氏杆菌病等	盐酸多西霉素片剂：每片0.05克或0.1克，内服，一次量，羔羊每千克体重3～5毫克。 粉针：每瓶0.1克或0.2克，静脉注射，一次量，每千克体重1～3毫克，每天1次
红霉素	抗菌谱和青霉素相似。临床上主要用于耐青霉素金黄色葡萄球菌及化脓性链球菌、肺炎球菌、肠球菌等所引起的肺炎、子宫炎、乳腺炎等的治疗，亦可用于支原体病和传染性鼻炎。可与链霉素等合用，具有协同作用	红霉素片剂：羔羊，每天每千克体重6.6～8.8毫克，分3～4次内服
泰乐菌素	主要用于防治羊的支原体感染、羊胸膜肺炎。此外，亦可作为畜禽的饲料添加剂，以促进增重和提高饲料转化率	参照红霉素

续表

药物	作用和用途	用法与用量
氟苯尼考	对大肠杆菌、痢疾杆菌、沙门菌、巴氏杆菌、猪胸膜肺炎放线菌、葡萄球菌等敏感，临床上主要用于呼吸道、消化道炎症的治疗	氟苯尼考注射液：肌内注射，每千克体重10～20毫克；静脉注射，每千克体重10毫克，分2次注射，间隔48小时
诺氟沙星（氟哌酸）	主要用于敏感菌引起的消化系统、呼吸系统、泌尿道感染和支原体病等的治疗，如肾盂肾炎、肠炎、菌痢等	粉剂：以氟哌酸为例，内服，羔羊，每千克体重10～15毫克。 针剂：2%，10毫升/支，肌内注射，10～15毫升/次，每天2次。 注意事项：反刍羊禁止内服
环丙沙星	临床应用于全身各系统的感染，对消化道、呼吸道、泌尿生殖道、皮肤软组织感染及支原体感染等均有良好效果	以羔羊为例，乳酸环丙沙星可溶性粉：混饮，每千克水30毫克，连用3～5天为1个疗程。 乳酸环丙沙星注射液：肌内注射，一次剂量，每千克体重2.5～5毫克；静脉注射，一次剂量，每千克体重2毫克，每天2次
磺胺嘧啶（SD）	是治疗脑部感染的首选药物，对肺炎、上呼吸道感染具有良好作用，也用于防治混合感染	磺胺嘧啶片：内服，首次用量，每千克体重0.14～0.2克，维持量减半，每天2次。 磺胺嘧啶钠注射液：静脉注射或深部肌内注射，每千克体重50～100毫克，每天2次，连用2～3天。 复方磺胺嘧啶钠注射液：肌内注射，一次剂量，每千克体重20～30毫克，每天1～2次，连用2～3天
磺胺间甲氧嘧啶（4-磺胺-6-甲氧嘧啶、制菌磺，SMM）	属中效磺胺，抗菌作用强，较少引起泌尿道损害；内服吸收良好，血药浓度较高	磺胺间甲氧嘧啶片剂（或粉）：每片0.5克，初次量，每千克体重0.2克，维持量，每次每千克体重0.1克，每天2次。 注射液：一次剂量，每千克体重50毫克，每天2次，连用3～5天

续表

药物	作用和用途	用法与用量
磺胺对甲氧嘧啶(SMD)	主要用于泌尿道感染及呼吸道、皮肤和软组织等感染	磺胺对甲氧嘧啶片(或粉):初次量,每千克体重50～100毫克,维持量,每次每千克体重25～50毫克,每天2次。 复方磺胺对甲氧嘧啶钠注射液:每支10毫升,内含本品1克、甲氧苄啶0.2克,每支5毫升,内含本品0.5克、甲氧苄啶0.1克;以磺胺对甲氧嘧啶钠计,肌内注射,羊每次每千克体重15～20毫克,每天2次
丙硫咪唑	对羊常见的肠道线虫、肺线虫、绦虫和肝片吸虫均有显著驱杀作用;在一般剂量时,对成虫的效果优于幼虫	丙硫咪唑粉:内服,每次每千克体重5～15毫克。本品适口性差,若混饲给药,应少添多次喂服
盐酸左旋咪唑(左咪唑)	主要用于各种动物的蛔虫病、绦虫病和肺线虫病等。左旋咪唑还能增强机体的免疫力,是一种非特异性免疫增强剂	盐酸左旋咪唑片(或粉):内服,每次每千克体重7.5毫克。饲喂前给药(一般指饲喂前30分钟)。 盐酸左旋咪唑注射液:肌内或皮下注射,每次每千克体重7.5毫克
丙硫苯咪唑	本品对羊矛形双腔吸虫、片形吸虫、绦虫也有较好疗效,且具有抑制产卵的作用	丙硫苯咪唑粉:内服,每次5～20毫克,可直接投服或制成悬浮液灌服,也可拌到饲料中给药
精制敌百虫	内服时,能杀灭畜禽消化道内大多数线虫,如蛔虫、鞭虫、钩虫、食道口线虫、毛首线虫等,外用对多种外寄生虫和病媒昆虫,如三蝇(马胃蝇、羊鼻蝇、牛皮蝇)及其幼虫和蜱、螨、虱、蚤、蚊、蝇等有很强的杀虫作用	精制敌百虫片:内服,每次量,绵羊,每千克体重80～100毫克;山羊,每千克体重50～70毫克
阿维菌素(灭虫丁、虫克星)	对家畜体内外寄生虫如线虫、蜱、螨、虱等具有高效驱杀作用,一次用药,可同时驱除体内外多种寄生虫	阿维菌素片剂:每片(粒)2毫克、5毫克、10毫克,口服,每千克体重0.3～0.4毫克,首次用药后7天可重复用药1次。 针剂:2毫升(2毫克)、5毫升(5毫克),皮下注射,每千克体重0.2毫克

续表

药物	作用和用途	用法与用量
伊维菌素	主要用于治疗家畜的胃肠道线虫病、牛皮蝇蛆、蚊皮蝇蛆、羊鼻蝇蛆、羊痒螨和猪疥螨病	伊维菌素针剂：皮下注射，羊每次每25千克体重0.5毫升（相当于每千克体重200微克伊维菌素）
硫双二氯酚（别丁）	驱虫药，主要用于反刍动物的肝片吸虫、前后盘吸虫、猪姜片吸虫、反刍动物绦虫、禽绦虫。对童虫无效。对绦虫的幼虫效果较差，必须增加剂量才有作用	硫双二氯酚片：内服，羊每次每千克体重75～100毫克
硝氯酚（拜耳9015）	主要用于治疗牛、羊肝片吸虫病。具有疗效高、毒性小、用量少的特点	硝氯酚片：内服量（每千克体重），羊3～4毫克，绵羊8毫克。 硝氯酚注射液：肌内注射量（每千克体重）羊1～2毫克

三、用药注意事项

① 有些药物对妊娠母羊或羔羊不能用，所以在预防用药时要有选择性，并严格按照使用说明操作，以防发生意外。

② 长期使用抗菌药，会破坏瘤胃中正常微生物的生态平衡，影响消化功能，引起消化不良。一般以连用5～7天为宜。尤其成年羊口服广谱抗生素，如土霉素等，常会引起严重的菌群失调甚至动物死亡的危险，故不宜在成年动物中应用广谱抗生素。

③ 长期使用某一种抗生素或化学药物，容易产生耐药菌株，影响药物的防治效果，要经常进行药敏试验，选择高度敏感的药物用于防治。

第四章 羊的传染病

第一节 病毒性传染病

一、口蹄疫

口蹄疫是由口蹄疫病毒引起的以偶蹄动物为主的急性、热性、高度传染性疫病。其侵害对象主要为牛、羊、猪等偶蹄类动物。羊感染口蹄疫通常比牛和猪症状轻，不宜察觉，但有时也可见严重病例。

【病原】口蹄疫病毒致病力极强，病毒对乙醚、氯仿等有机溶剂不敏感，对酸、碱敏感。不耐热，56℃时存活时间小于30分钟。对紫外线敏感，常用消毒药有氢氧化钠、碳酸钠和醋酸等。

【流行特点】偶蹄动物的易感性最高。患病及带毒的动物是本病传染源。患病初期动物排毒量最大，毒力最强，最具传染性。经破溃的水疱、唾液、粪、乳、尿、精液及呼出的气体向外界排出大量的病毒。猪、牛发病后排毒期为4～5天，病羊可长达7天。

该病毒以直接接触和空气等传媒的方式完成传播。主要经消化道和呼吸道感染，也可经损伤的皮肤和黏膜感染。病畜的分泌物、排泄物、呼出气体及其他被污染的物品和动物均可成为本病的传播媒介。该病毒能随风散播到50～100千米以外的地方，空气也是一种重要的传播媒介。动物的调运在疫情扩散过程中起重要作用。本病无严格的季节性，但以春季、冬季发病相对较发。

【临床症状】潜伏期1～7天。病羊体温升高至40～41℃，精神沉郁，食欲减退或废绝。口腔、蹄、乳房等部位出现水疱、溃疡和糜烂。绵羊蹄部症状明显，口腔黏膜变化较轻。山羊症状多见于口腔，呈弥漫性口腔黏膜炎，水疱见于硬腭和舌面，蹄部病变较轻。一旦水疱破溃，体温开始明显下降，症状逐渐好转。

（1）绵羊　绵羊的潜伏期为2～8天，最长为14天。绵羊患病后，有时症状轻微，不被察觉。特别是当水疱仅限于口腔黏膜时，由于水疱较小，有米粒至豆粒大小，又无其他明显的并发症状如流涎和咂嘴等，而且水疱迅即消失。但如仔细检查，仍可见舌上有小水疱，唇部发炎肿胀，有时颊部和咽部也发炎肿胀。

蹄部和牛相似。发生水疱时表现跛行，病羊不愿运动。发炎变化常蔓延至蹄小囊，从蹄小囊的输出管道可以挤出多量脓性干酪团块。个别病例，乳房、阴户和阴道中也有小水疱。

（2）山羊　山羊患病也常轻微，症状和绵羊相似。食欲减退或废绝、泌乳停止。下唇、口角、牙龈上、颊内面、硬腭上和舌早期便发生粟粒大、豌豆大甚至蚕豆大的圆形水疱，伴有中度的流涎，或者没有流涎。病羊前足采取前踏姿势，腕部弯曲，用后足向前拖行。伴有心脏变化的死于衰竭，或者事先不表现明显的症状而突然死亡。

奶山羊口蹄疫常出现严重的典型口蹄疫症状。

【病理变化】除口腔、蹄部的水疱和烂斑外，严重者可在咽喉、气管、前胃等黏膜上发生圆形烂斑和溃疡，上盖黑棕色痂块。病羊消化道黏膜有出血性炎症，心肌色泽较淡，心外膜与心内膜有弥散性及斑点状出血，心肌切面有灰白色或淡黄色、针头大小的斑点或条纹，如虎斑，称为“虎斑心”，以心内膜的病变最为显著。

【诊断】根据急性经过、主要侵害偶蹄兽、特征性临床症状和病理变化初步诊断，确诊需进行实验室诊断。

【防治措施】

① 免疫预防。最好用与当地流行病毒株同型的口蹄疫弱毒疫苗或灭活苗接种免疫。

② 加强诊断和监测。一旦发生疫情，按照国家法规要求实施疫情应急处置方案。

二、羊痘

本病是由羊痘病毒引起的一种接触传染性热性传染病，其病理特征是在皮肤、黏膜和内脏形成痘疹。

【病原】病原为绵羊痘病毒和山羊痘病毒。病毒对热、直射阳光、碱和大多数常用消毒药较敏感，如58℃ 5分钟、2%石炭酸15分钟可灭活；但耐干燥，在干燥的痂皮中能存活 3～6 个月。

绵羊痘病毒自然情况下仅发生于绵羊，山羊和其他动物均不患病。山羊痘病毒在自然条件下只感染山羊，仅少数毒株可感染绵羊。山羊痘较少见，发病率与死亡率均较低，死亡率仅 5%。

绵羊羔羊较成年羊敏感，发病率高，病死率也高。病羊是主要的传染源。病毒可随鼻液、唾液、痘疹渗出液、痘疹痂皮、呼出的空气与乳汁从病羊体内排出，污染环境。通过呼吸道以及损伤的皮肤、黏膜而感染。发病不分季节，但以冬、春两季较多见且严重。气候寒冷、饲养管理不良可促使发病和加重病情。

【临床症状】绵羊痘的潜伏期平均为 4～8 天。病初绵羊体温升高至 41～42℃，呼吸和脉搏增数，流鼻液，约经 1～4 天发痘。痘疹多发于皮肤无毛或少毛部分，如眼周围、唇、鼻、颊、四肢和尾内侧及阴唇、乳房、阴囊和包皮上。开始为圆形红斑，1～2 天转变为灰白色丘疹，隆起，周围有红晕。后其表面松弛起皱（皱膜丘疹），痘疹坏死，干燥结痂、脱落，形成瘢痕。痘疹如继发化脓菌感染，则表现为脓疱或溃疡。黏膜上常形成痘疹、溃疡。病程 3～4 周。

山羊痘的症状和病理变化与绵羊痘相似。潜伏期为 6～7 天，病羊发热（40～42℃），精神不佳，食欲减退或缺如。于皮肤无毛部位（如乳房、尾内面、阴唇、会阴、肛门周围、阴囊和四肢内侧）、头部、背部、腹部有毛丛的皮肤处出现许多小的丘疹。丘疹后坏死、结痂，经 3～4

周痂皮脱落。

【病理变化】除皮肤和口腔黏膜的痘疹病变外，鼻腔、喉头、气管以及前胃和皱胃黏膜常有大小不等的圆形痘疹及其坏死后形成的溃疡，如能愈合则遗留瘢痕。肺、肝、肾也可见圆形或片状痘疹。肺的痘疹病变主要位于膈叶，其次为心叶和尖叶，中间叶很少。痘疹呈结节状，全肺分布。

【诊断】根据流行病学、临床症状、病理变化作出初步诊断。

【防治措施】本病尚无特效药物。对发病羊饲喂抗生素和磺胺类药物可对症治疗和预防继发感染。痘疹局部用0.1%高锰酸钾溶液清洗，再涂紫药水或碘甘油。

定期给羊群预防接种绵羊痘鸡胚化弱毒疫苗，每只羊尾部或股内侧皮下注射0.5毫升，注射后4～6天产生免疫力，免疫期1年。

三、传染性脓疱

传染性脓疱，俗称“羊口疮”，是由传染性脓疱病毒引起以绵羊和山羊感染为主的一种急性、高度接触性人兽共患传染病。以患羊口唇等皮肤和黏膜发生丘疹、水疱、脓疱、痂皮为特征，羔羊常因继发感染而死亡。

【病原】病原为传染性脓疱病毒即口疮病毒。病毒对外界环境有较强的抵抗力，疱疹内容物和痂皮中的病毒在牧场中可保持几个月的传染性；光线可使病毒在几周内灭活，本病毒对高温较敏感，60℃ 30分钟可以杀死，通常浓度的氯仿、福尔马林、酚、酸、碱可杀灭病毒。

【流行特点】各种年龄的绵羊、山羊都能发病，以3～4月龄的羔羊对本病毒最敏感。接触病羊的人也可感染。人工接种可使犊牛、家兔、犬等发病。病羊和隐性带毒羊是传染源。病毒由脓疱分泌物和干燥痂皮排出，主要通过受伤的皮肤、黏膜感染。在干燥季节容易经皮肤伤口感染，通常50%以上的羊都发生感染。带毒羊使病毒在羊群中存在数年。一年中以干燥季节放牧羊发病较多。羔羊和小羊发病率可高达90%。

【临床症状】自然感染的潜伏期为2～7天。一般分为唇型、蹄型、外阴型。

(1) 唇型　该病型最常见。在口角或上唇或鼻镜上发生散在的小红斑点，逐渐变成丘疹、结节，后成为水疱或脓疱，蔓延至整个口唇周围甚至颜面、眼睑和耳郭等部位，形成大片易出血的污秽痂垢，其下有肉芽组织增生，嘴唇肿大外翻似桑葚状突起。口腔黏膜，如唇内、齿龈、颊黏膜、舌侧缘和软腭上水疱，继而变成脓疱和烂斑。无继发感染，较轻的病部痂皮干燥、脱落、上皮愈复、留下红斑；如有继发化脓菌、坏死杆菌感染，则形成大面积溃疡，深部组织坏死，口腔恶臭。病羊由于疼痛不愿采食而逐渐消瘦。

(2) 蹄型　几乎仅见于绵羊。病羊多见一肢或四肢蹄部感染。通常于蹄叉、蹄冠或系部皮肤形成水疱或脓疱，破裂后形成溃疡。继发感染时发生化脓、坏死，病羊跛行，卧地。

(3) 外阴型　外阴型病例较少，主要在阴唇、乳头或阴茎、阴鞘口皮肤发生小脓疱和溃疡。

【诊断】根据流行病学、临床症状、典型病例，特别是春、秋季羔羊易感，进行初步诊断。

【防治措施】

(1) 疫情处置　隔离病羊，对圈舍、运动场进行彻底消毒。对病羊进行对症治疗，防止继发感染。对未发病的羊群紧急接种疫苗。

① 外阴型和唇型。病羊使用0.1%～0.2%的高锰酸钾溶液清洗创面，涂抹碘甘油、2%龙胆紫、抗生素软膏或明矾粉末。

② 蹄型。可将病羊蹄浸泡在5%甲醛溶液中1分钟，冲洗干净后用1%苦味酸或10%硫酸锌酒精或明矾粉末涂抹患部。乳房可用3%硼酸水清洗，然后涂以青霉素软膏。

为防止继发感染，可肌内注射青霉素钾或钠盐5毫克/千克，病毒灵或病毒唑0.1克/千克，每天1次，3天为1个疗程，2～3个疗程即可痊愈。

(2) 免疫接种　每年春、秋季节使用羊口疮病毒弱毒疫苗进行免疫接种。

四、痒病

痒病又称驴跑病、摩擦病、瘙痒病或摇摆病，是由朊病毒引起的成年绵羊和山羊传染性海绵状脑病。该病是由朊病毒引起的人和多种哺乳动物以神经退化性变化为主要特征的一种慢性消耗性传染病，也称朊病毒病。

【流行病学】病羊和带毒羊是本病的传染源。不同品种、性别的羊均可发病，2～5 岁绵羊多发。羔羊特别是新生羔羊易感。本病可通过直接接触或间接接触感染，也可通过胎盘垂直传播。本病虽发病率低（10%左右），但发病羊全部死亡。病死率为 100%。

【临床症状】自然感染的潜伏期为 1～4 年。病羊共济失调，震颤、姿势不稳，后肢软弱，伸颈低头，驱赶时呈“驴跑”姿势，常常跌倒。后期后躯麻痹、卧地不起、消瘦和虚弱。同时有奇痒症状，起初咬尾根、臀部、股部和前腿，在硬物上摩擦头部及发痒的部位，引起皮肤脱毛、发红、溃烂和结痂。终因全身衰竭而死亡。病程数周或数月。

【病理变化】病羊除尸体消瘦和皮肤损伤外无肉眼可见病变。

【诊断】目前，诊断痒病主要依靠典型症状和病理组织病变。病羊的潜伏期长，不停摩擦、共济失调等是重要症状。

【防治措施】目前，尚无有效的预防方法。如发现本病应将病羊和同群羊全部扑杀，重新建立未受感染的健康羊群。

五、山羊关节炎-脑炎

山羊关节炎-脑炎是由山羊关节炎-脑炎病毒引起羔羊脑脊髓炎，成年羊关节炎、乳腺炎、慢性进行性肺炎和脑炎的传染病。

【病原】山羊关节炎-脑炎的病原是山羊关节炎-脑炎病毒。该病毒对热、去污剂和甲醛敏感，56℃ 60分钟可失去活力。

【流行病学】在自然条件下，只感染山羊，绵羊不感染。易感动物无年龄、性别和品种差别，但以成年羊感染发病居多。病山羊和潜伏感染的山羊是本病主要传染源。本病以消化道传染为主。呼吸道感染和医疗器械接触也可传播本病。病毒经乳汁感染羔羊，被污染的饲槽、饲料、饮水等可称为传播媒介。

【临床症状】根据临床症状，一般有三个类型，即脑脊髓炎型、关节炎型、肺炎型，多独立发病。

（1）关节炎型　多发生于1岁以上成年山羊，患病羊的腕关节肿大、跛行，膝关节和跗关节也可发生炎症。病情逐渐加重或突然发生。病程1～3年。

（2）脑脊髓炎型　主要发生于2～6月龄山羊羔羊，也可发生于较大年龄的山羊，育成羊和成年羊也有发病。病初羊精神沉郁、跛行，随即四肢僵硬，共济失调，一肢或四肢麻痹，横卧不起，四肢划动。有些病羊眼球震颤，斜颈，角弓反张，转圈。病程半月至数年，最终死亡。

（3）肺炎型　肺炎型病例临床上较少见，病羊进行性消瘦，咳嗽，呼吸困难，胸部叩诊有浊音，听诊有湿啰音。各种年龄的羊均可发病，病程3～6个月。

除上述3种病型外，哺乳母羊有时发生间质性乳房炎。

【病理变化】在脑、肺、肝等器官有充血、瘀血等肉眼可见变化。脑膜和脉络丛充血，脑实质软化。关节炎型多为非化脓性肿大关节炎，膝关节肿胀，皮下浆液渗出，关节囊肥厚，关节腔充满黄色或淡红色液体。肺轻度肿大，质地坚实，表面散在灰白色小点，切面可见大叶性或斑块状实变区。

【诊断】根据流行病学资料和症状可怀疑本病。确诊应进行实验室检查。

【防治措施】目前无特异性治疗药物，且目前尚无疫苗。禁止从流行本病的国家或地区引进种山羊，引入羊坚持严格检疫。

六、蓝舌病

蓝舌病又称绵羊卡他热，是一种主要发生于绵羊的非接触性虫媒病毒传染病。以发热、白细胞减少、颊黏膜和胃肠道黏膜严重卡他性炎症为主要特征。

【病原】病原为蓝舌病毒。病毒对酸性环境的抵抗力较弱，pH 值为 3 时迅速使之灭活。本病毒不耐热，60℃加热 30 分钟以上灭活，75～95℃使之迅速灭活。

【流行特点】病羊是主要传染源，该病毒主要通过吸血昆虫传播，库蠓是主要传播媒介。绵羊最易感，牛和山羊次之。各种年龄、性别、品种的绵羊都可感染发病，细毛羊更易感，1 岁左右的青年羊发病率和死亡率高。该病的发生有明显的地区性和季节性，多发于湿热的晚春、夏季和秋初季节。特别多见于池塘、河流多的低洼地区和雨季。

【临床症状】蓝舌病的潜伏期为 6～9 天。体温升高在

41℃以上，厌食，白细胞明显降低。流涎，上唇水肿，口腔黏膜充血、发绀呈紫色。口腔连同唇、颊、舌黏膜上皮糜烂，口、舌溃疡。鼻腔有脓性分泌物，呼吸困难。有时蹄冠、蹄叶发炎，跛行。病羊消瘦、衰弱。山羊症状比较轻微。

【病理变化】口腔出现糜烂和深红色区，舌、齿龈、硬腭、颊部黏膜发生水肿。舌发绀如蓝舌。瘤胃有暗红色区，表面上皮形成空泡变形和死亡。真皮充血、出血和水肿。肌肉出血，肌间有浆液和胶冻样渗出。蹄冠出现红色或红丝，深层充血、出血。心内外膜、心肌、呼吸道和泌尿道黏膜小点状出血。

【诊断】根据该病流行病学、临床症状、病理变化作出初步诊断。

【防治措施】

① 目前尚无有效治疗方法。对病羊应对症治疗。

② 加强检疫工作，严禁从有此病的地区和国家购入羊。

③ 切断传播途径，控制和消灭吸血库蠓，加强消毒。

④ 免疫预防。流行地区在每年发病季节前1个月接种疫苗。新发病地区用疫苗紧急接种。疫苗有弱毒疫苗、灭活疫苗和亚单位疫苗。

第二节　细菌性传染病

一、羊布鲁杆菌病

布氏杆菌病是由布鲁杆菌引起的人兽共患传染病，在家畜中，牛、羊、猪最常发生，且可传染给人和其他动物。其临床特征主要是生殖器官与胎膜发炎，并引起流产、不育和各种组织的局部病灶。

【病原】布鲁菌属有 6 个种，引起牛、羊布鲁菌病的病原是马耳他布鲁菌（习惯称为羊布鲁菌，绵羊、山羊易感）、绵羊布鲁菌（绵羊易感）、流产布鲁菌（习惯称为牛布鲁菌，牛易感）。各个种之间特征有些差异，但形态和染色特性无明显不同。布鲁杆菌为革兰染色阴性菌。本菌对自然环境的抵抗力较强，在粪水中可存活数月以上。对湿热抵抗力不强，60℃ 30 分钟、70℃ 5～10 分钟即被杀死，煮沸立即死亡。对消毒剂抵抗力不强，1%～3%石炭酸、2%～3%煤皂酚、0.1%升汞、2%苛性钠溶液可在 1 小时内杀死本菌，5%生石灰液 2 小时或 1%～2%甲醛 3 小时可将其杀死，0.01%新洁尔灭 5 分钟可杀死本菌。

【流行病学】马耳他布鲁菌的主要宿主是山羊和绵羊，也可由羊传染给牛和其他动物。流产布鲁菌的主要宿主是牛，其次是羊和其他动物。绵羊布鲁菌主要引起公绵羊附睾炎，也可引起怀孕母绵羊胎盘坏死，但对未怀孕母羊常呈一过性。

患病动物或带菌动物是主要传染源，患病动物的精液、乳汁、脓液，特别是流产胎儿、胎衣、羊水以及子宫渗出物等含有大量病菌，污染饮水、饲料、用具和草场等引起其他羊只的感染。主要感染途径是消化道，其次是生殖道、皮肤和黏膜。多种动物对本病均可感染，但主要是羊、牛、猪。本病一年四季均可发生，但以产仔季节多发，牧区发病率高于农区。

【临床症状】绵羊与山羊流产。流产常发生于妊娠后第3～4个月。除流产前数日表现分娩预兆外，还有生殖道发炎的症状，阴道黏膜发生粟粒大的红色结节，由阴道流出黄色黏液。流产时，胎水多清亮，但有时混浊，含有脓样絮片，常见胎衣滞留。有的山羊流产2～3次，有的则不流产。公羊发病时可见阴茎潮红肿胀，睾丸炎、附睾炎。有时见关节炎，关节肿胀、疼痛。其他临诊症状可能有乳腺炎、支气管炎。

【病理变化】布鲁菌病的特征变化在生殖器官、流产胎儿。淋巴结、脾脏、肝脏出现不同程度肿胀，有散在性坏死灶。肺脏常有坏死增生性结节。

流产的胎儿呈败血症变化，浆膜和黏膜发生瘀点和瘀斑，皮下组织出血和水肿，也可发生木乃伊化、全身急性淋巴结炎、实质器官变性和肝脏多发性小坏死灶等。子宫内膜与绒毛膜之间有污灰色或黄色胶状的渗出物，绒毛叶充血、出血、肿胀、坏死，呈紫红色或污红色，表面附有一层黄色坏死物和污灰色脓液，胎膜水肿增厚有出血。公羊生殖器官精囊内有可能有出血点和坏死灶，睾丸和附睾可能有炎性坏死灶和化脓灶。

【诊断】通过流行病学，流产和胎儿胎衣的病理变化，胎衣滞留、不育等临床症状对布氏杆菌病作出初步诊断，确诊需进行实验室诊断。

【防治措施】对患病动物一般不予治疗，采取扑杀等措施。

在未感染羊群中，严格控制布鲁菌病的传入，自繁自养。严格检疫，坚决淘汰阳性羊。疫苗接种是控制本病的有效措施。我国主要使用马耳他布鲁菌5号弱毒活苗。

二、结核病

结核病是由结核分枝杆菌引起人兽共患的慢性传染病。主要特征是在组织器官中形成结核结节，即结核性肉芽肿。

【病原】本病的病原是分枝杆菌属的三个种，即结核分枝杆菌、牛分枝杆菌和禽分枝杆菌。牛和禽分枝杆菌可感染绵羊，结核分枝杆菌可引起山羊发病。分枝杆菌为革兰染色阳性菌。本菌对湿热敏感，在液体中加热62～63℃ 15分钟可被杀死。对紫外线敏感。

【流行病学】患有结核病的病羊是主要传染源，被病羊排泄物和分泌物污染的饲料、饮用水，含有大量结核杆菌。常通过呼吸道或消化道或损伤的皮肤感染，通过呼吸道引起羊结核病的最多。山羊和绵羊均可感染。结核杆菌的感染谱广，包括约50种哺乳动物和25种禽类。结核病在动物中互相传播，给动物和人类健康构成极大威胁。

【临床症状】山羊结核病，病初或轻度病羊没有明显的临诊症状，后期或病重时皮毛干燥，食欲减退，精神不振，全身消瘦。偶排出黄色稠鼻涕，甚至含有血丝，湿性咳嗽，肺部听诊有明显的湿啰音。有的病羊乳上淋巴结发硬、肿大，乳房有结节状溃疡。

绵羊结核为慢性病，生前只能发现病羊消瘦和衰弱，无明显的咳嗽症状。后期体温上升达40～41℃，死前2天左右下降。严重时，乳房皮肤淡黄，粪球变为淡黄褐色，最后消瘦衰竭而死，死前高声惨叫。

【病理变化】在肺脏表面有灰白或灰黄结节性淡黄色脓肿，切面中心可见干酪样坏死，干酪样坏死中常有钙盐沉着。淋巴结或其他器官形成增生性、渗出性、变质性结核结节。

【诊断】在羊群中发现有进行性消瘦、咳嗽、慢性乳房炎、顽固性下痢以及体表淋巴结肿胀等临床症状，可作为初步诊断。确诊需结合流行病学、病理变化、结核菌素试验以及血清学试验，必要时做病原分离鉴定。

【防治措施】临诊症状明显的病羊捕杀。有较高利用价值的病羊，可以使用药物治疗轻型病例。治疗药物有利福平、乙胺丁醇、异烟肼、链霉素。

对新引进的羊应做结核菌素试验，禁止阳性反应者与本场（地）健康羊群发生任何直接或间接的接触。对本场（地）羊定期做结核菌素试验，及时隔离或淘汰阳性羊，放牧时应避免走同一牧道及利用同一牧场。病羊所生产的羔羊，杜绝饲喂发病羊奶，做好体表消毒。

三、羔羊大肠杆菌病

羔羊大肠杆菌病是由致病性大肠杆菌引起的羔羊的一种急性传染病，病理特征为胃肠炎或败血症。

【病原】病原为致病性大肠杆菌，本菌为革兰阴性杆菌，对外界不利因素的抵抗力不强，常用消毒药数分钟可将其杀死。在潮湿阴暗的环境中可存活不超过1个月，在寒冷干燥的环境中存活较久。

【流行病学】患病动物和带菌动物是本病的主要传染源。通过粪便排出病菌，散布于外界，污染水源、饲料以及母畜的乳头和皮肤。羔羊吮吸被致病性大肠杆菌污染的母羊乳头、咬添污染的垫草等物经消化道而感染。本病多发于初生至3月龄的绵羊和山羊，一年四季均可发生。气候多变、初乳不足、圈舍潮湿等有利于本病的发生。

【临床症状】潜伏期数小时至1～2天。根据症状不同，分为败血型和肠炎型。

（1）肠炎型　又称大肠杆菌性羔羊痢疾，多见于2～8日龄的幼羔。病初体温升高，不久下痢，体温降至正常或微热。粪便先呈黄色或灰色半液状，后呈液状，含气泡，有时混有血液和黏液。肛门周围、尾部和臀部皮肤沾污粪便。病羔腹痛、拱背、虚弱、脱水。如治疗不及时可于24～36小时死亡，病死率15％～25％。

（2）败血型　多发生于2～6周龄的羔羊。病初体温升高，精神沉郁、迅速虚脱，部分病羊有神经症状，运步失调、视力障碍、磨牙。有的关节肿胀、疼痛。多于4～12小时内死亡。

【病理变化】

（1）肠炎型　尸体脱水。皱胃、小肠与大肠黏膜充血、出血、水肿，皱胃有半凝固的乳汁，小肠与大肠内容物呈灰黄色半液状。肠系膜淋巴结肿大。有的肺瘀血或有轻度炎症。

（2）败血型　患病羊急性死亡时，一般无明显肉眼可见病变。病程稍长者可见胸腔、腹腔和心包腔积液，混有纤维素。肘关节、腕关节等关节肿大，滑液混浊，关节囊内有纤维素脓性渗出物。脑膜充血、点状出血。大脑沟常有脓性渗出物。

【诊断】根据流行病学、临床症状可作出初步诊断，确诊需进行实验室检查。

【防治措施】

（1）治疗

① 本病的急性经过，患羊往往来不及救治即死亡。大肠杆菌对多种药物敏感，但容易产生耐药性。土霉素、磺胺甲基嘧啶、磺胺脒、呋喃类等药物都有治疗作用。使用药物之前最好先进行药敏试验，选择当地或本场最敏感的药物使用。一般庆大霉素、卡那霉素、利高霉素、强力霉素等对部分菌株敏感。

② 并发肺炎的病羊可注射青霉素或恩诺沙星。

③ 调整胃肠机能，纠正酸中毒，防止脱水需补充体液，如5%的葡萄糖生理盐水500毫升。

（2）预防

① 加强饲养管理和卫生管理。

② 疫苗接种。我国用O78∶K80菌株制成的灭活苗和弱毒活疫苗，免疫注射绵羊或山羊，预防败血型效果良好，弱毒活苗也可用气雾法进行免疫。

四、链球菌病

羊链球菌病是由C群马链球菌兽疫亚种引起的一种急性热性传染病，该病以是败血症、咽喉部及下颌淋巴结肿胀、大叶性肺炎、呼吸异常困难、出血性败血症为特征。

【病原】病原是羊链球菌，属C群马链球菌兽疫亚种。本菌为革兰染色菌，对外界环境的抵抗力较强，在－20℃条件下可生存1年以上；但对热较敏感，煮沸可很快被杀死；对一般消毒药抵抗力不强，如2%石炭酸、0.1%升汞、2%来苏尔和0.5%漂白粉均可在2小时内将其杀死。对青霉素、磺胺类药物敏感。

【流行病学】病羊和带菌羊是主要的传染源。感染途径主要是呼吸道，其次为消化道和损伤的皮肤。病菌存在于全身各组织器官，尤其是呼吸道的分泌物和肺脏。本病主要发生于绵羊，山羊次之。疾病多发生于冬季和春季（尤其1～3月），气候严寒和剧变以及营养不良等因素均可促使发病和死亡。发病不分年龄、性别和品种。

【临床症状】潜伏期为2～7天。

（1）最急性　偶尔可见，24小时内死亡。

（2）急性型　体温升高，精神沉郁，食欲废绝，反刍停止。流涎，鼻孔流浆液性、脓性分泌物，呼吸困难。眼结膜充血，流泪。咽喉肿胀，颌下淋巴结肿大。粪便带有黏液或血液，最后衰竭倒地，多窒息死亡。

（3）亚急性型　体温升高、食欲减退，不愿走动，呼吸困难、咳嗽，流黏液性透明鼻液，病程 7～14 天。

（4）慢性型　一般轻度发热，消瘦，食欲减退，步态僵硬。有些病羊出现关节炎。病程 1 个月左右。

【病理变化】病理变化以全身多组织器官充血、出血、水肿和变性等败血性症状为主。咽喉部黏膜高度水肿，上呼吸道黏膜充血、出血；全身淋巴结尤其咽背、颌下、肩前、肺门、肝、脾、胃、肠系膜等淋巴结明显肿大、充血、出血甚至坏死；浆膜表面和淋巴结切面有半透明黏稠的胶样物，有滑腻感；胸有多量混浊的淡黄色液体；肺脏常与胸壁粘连。肝大、质软、色土黄，胆囊胀大，其壁水肿增厚。

【诊断】根据症状和病理变化一般可作出初步诊断。

【防治措施】本病发生时应采取严格封锁、隔离、消毒等措施，羊粪应堆积发酵杀菌；羊圈用 3%来苏尔或 1%福尔马林消毒。病死羊进行无害化处理。

病程较缓慢的病羊用抗生素或磺胺类药物治疗。临诊健康羊可注射抗羊链球菌血清或青霉素。

做好抓膘、防寒工作，不从疫区购进羊和羊肉、皮毛等产品。每年发病季节前，及时进行疫苗接种。

五、羊快疫

【病原】羊快疫的病原为腐败梭菌，革兰染色阳性。本菌能产生 α、β、γ、δ 四种外毒素，其中 α-毒素是一种卵磷脂酶，有坏死、溶血和致死作用；β-毒素是一种脱氧核糖核酸酶，有杀白细胞的作用；γ-毒素是一种透明质酸酶；δ-毒素是一种溶血素。一般消毒药均能杀灭腐败梭菌繁殖体，但其芽孢抵抗力强，用20%漂白粉、3%～5%氢氧化钠进行消毒，效果较好。

【流行特点】腐败梭菌常以芽孢形式存在于土壤、牧草、饲料和饮水中，是一种地区性的土壤传染病。羊只采食了被病菌污染的食物、水源后，芽孢经口进入羊体内，存在于消化道中，不发病。在气候骤变、饲养管理不合理、机体抵抗力降低等不良诱因的作用下，腐败梭菌大量繁殖，并生产外毒素，引起发病。

绵羊对本病最易感，山羊、鹿也可感染本病。发病羊的年龄多在6～18个月，一般经消化道感染（腐败梭菌如经伤口感染则引起各种家畜的恶性水肿）。本病常见于低洼、沼泽地区，多发生于秋冬和初春季节，常呈地方流行性。

【临床症状】发病突然，出现症状后2～6小时死亡。病羊发生疝痛、臌气、眼结膜发红、磨牙呻吟、痉挛。有的病羊虚弱、拒食、离群、不愿行走，口内流出带有血色的泡沫。排便困难，粪便中混有黏液、脱落的黏膜，有时排黑色稀粪，间带血液。

【病理变化】病尸腐败迅速。急性弥散性出血性皱胃炎，皱胃黏膜弥散性出血，有时见溃疡和坏死，黏膜下层水肿。肠黏膜充血、出血、坏死、溃疡。腹腔、胸腔、心包腔积水。胆囊多肿胀。

【诊断】真胃及十二指肠出血性、坏死性炎症具有诊断意义，确诊需进行实验室诊断。

【防治措施】本病病程短，往往来不及治疗病羊已死亡。发病时应尽快诊断，迅速隔离病羊。

病程稍长病例，对症治疗，给予强心剂、肠道消毒药、抗生素、磺胺类等药物治疗。同时利用菌苗进行紧急免疫接种。疫情紧急时，全群可普遍投2%硫酸铜溶液（100毫升/只）或10%生石灰溶液（100～150毫升/只），可在短期内显著降低发病数。

本病常发地区，要制订防控计划，按时进行免疫接种。每年定期注射“厌氧菌病联合菌苗”（即羊快疫、猝狙、肠毒血症三联苗或羊快疫、猝狙、肠毒血症、羔羊痢疾、羊黑疫五联苗），皮下或肌内注射5毫升，注苗后2周产生免疫力，保护期半年。

六、羊黑疫

羊黑疫又称传染性坏死肝炎，是由B型诺维梭菌引起的一种急性、致死性传染病。以病羊尸体皮肤呈暗黑色外观和肝脏实质的坏死性病变为典型特征。

【病原】病原为B型诺维梭菌，本菌产生芽孢，对外界环境有较强的抵抗力，芽孢在95℃ 15分钟可存活，在湿热105～120℃ 5分钟可被杀死，在5%石炭酸、1%甲醛或0.1%硫柳汞中可存活1小时，次氯酸盐可迅速杀死芽孢。

【流行特点】带菌动物以及有发病历史地区存在的本菌芽孢是引起感染流行的主要病原来源。诺维梭菌可以芽孢形式潜伏在羊的肝、脾等器官内。在发病地区土壤中存活较长时间。病原主要经过消化道感染，当羊采食被芽孢体污染的饲草或饮水后，感染发病、死亡。本菌能使1岁以上绵羊感染，以2～4岁绵羊发生最多。发病羊多为营养良好的肥胖羊，山羊和牛也可感染。该病的发生和流行与肝片吸虫的感染有密切关系，主要在4月和9～10月于肝片吸虫流行的低洼潮湿地区发病较多，致死率高。由于该菌产生芽孢，故在发病地区容易反复发生流行。

【临床症状】该病临诊上与羊快疫、羊肠毒血症类似，病羊主要呈急性反应，通常来不及表现临床症状即突然死亡。少数病例呈慢性经过病程稍长，一般1～2天，最后死亡，病羊主要表现为掉群，食欲废绝，反刍停止，精神不振，呼吸困难，体温升高到41℃以上，俯卧，昏睡，无痛苦地突然死亡。

【病理变化】病变主要表现在消化道、肝脏和心血管系统。皱胃幽门和小肠充血、出血，肠系膜淋巴结肿大。肝脏肿胀充血，表面有数目不等、界限清晰的凝固性坏死灶，灰黄色，不整圆形，周围有充血带围绕，坏死灶直径可达2～3厘米，伴有肝片吸虫感染时可在肝脏坏死灶内发现虫体。病羊皮下静脉显著瘀血，使羊皮肤呈暗黑色外观，胸腹腔和心包腔内积液，腹腔液带有血色。左心室内膜下出血。

【诊断】在肝片吸虫流行的地区发现急死或昏睡状态下死亡的病羊，可见皮肤呈现黑色，剖检见典型的肝脏坏死变化，可初步确定为该菌引起。确诊一般通过病原学检测和毒素检测。

【防治措施】

（1）治疗　该病病程短促，往往来不及治疗。病程稍长者，可肌内注射青霉素或注射抗诺维梭菌血清进行治疗。

（2）预防　该病发生的主要诱因是肝片吸虫的感染，预防此病要控制多发地区肝片吸虫的感染。北方地区，每年应2次定期驱虫，一次在秋末冬初或由放牧转为舍饲后，预防冬季发病；另一次是在冬末春初，动物由舍饲改为放牧，用于减少发病和动物在放牧时散播病原。

加强饲养管理，羊圈要选择背风、干燥的地方。

在该病多发地区要定期用羊厌氧菌病五联苗或羊黑疫、快疫二联苗等疫苗预防接种。

七、羊猝狙

羊猝狙是由C型产气荚膜梭菌引起的一种毒血症，以急性死亡、腹膜炎和溃疡性肠炎为特征。

【病原】羊猝狙的病原是C型产气荚膜梭菌，旧名魏氏梭菌。本菌为革兰染色阳性菌，能形成芽孢。常用的消毒药均可杀死本菌的繁殖体，但内生芽孢抵抗力极强，对干燥、热、辐射、消毒剂均有抵抗力。

【流行特点】发病羊或带菌羊以及被本菌污染的牧草、饲料和饮水都是传染源。本病病原菌在污水、垃圾、土壤、人和动物的粪便、昆虫以及食品中广泛存在。病菌随着羊只采食和饮水经口进入消化道，在小肠特别是十二指肠和空肠内繁殖，产生毒素，引起发病。本病主要侵害6

月龄至2岁的绵羊，但以成年羊发生较多。山羊亦可感染。本病为散发或地方性流行，多见于低洼、沼泽的湿地牧场和早春、秋冬季节，食入带雪水的牧草或寄生虫感染等均可诱发本病。

【临床症状】突然发病，常在3～6小时内死亡。早期症状不明显。有时可见突然沉郁，剧烈痉挛，倒地咬牙，眼球突出，惊厥死亡。

【病理变化】病变主要出现在消化道和循环系统。十二指肠和空肠呈出血性肠炎变化，个别区段见糜烂、溃疡。胸腔、腹腔与心包腔中有大量渗出液，浆膜有出血点。死后骨骼肌肌间集聚有血样液体，肌肉出血，有气性裂孔，这种变化与黑腿病病变相似。

【诊断】根据本病突然发病，迅速死亡，散发，结合剖检见十二指肠和空肠黏膜严重充血糜烂、体腔积液等临床症状和病理变化可做出初步诊断，确诊需做实验室诊断。

【防治措施】

（1）治疗　一旦发生本病，要迅速将羊群转移到干燥牧场，减少青饲料，增加粗饲料，及时隔离病羊，抓紧治疗。搞好消毒，对病死羊及时焚烧后深埋，防止病原扩散。

羊猝狙病程较短，一般来不及治疗病羊就已死亡。病程稍缓的病例可用C型产气荚膜梭菌抗血清治疗，或用青霉素治疗，并给予强心剂、肠道消炎剂、磺胺类药物等。

（2）预防　在本病常发地区，应定期预防注射羊快疫、羊猝狙、羊肠毒血症、羊黑疫、羔羊痢疾五联苗或四联苗。除坚持每年春秋正常免疫外，在疫病存在的羊场，母羊产前1个月皮下注射5毫升、羔羊半月龄时注射3毫升五联苗或四联苗，对梭菌性疾病有较好的预防作用。在发病季节对羊群给予土霉素、磺胺类药物进行预防，有一定的效果。

八、羊肠毒血症

羊肠毒血症是由D型产气荚膜梭菌引起的严重危害羊群的一种急性毒血症性传染病。以发病急、病程短、肾软化为特征，又称“软肾病”“过食症”“类快疫”俗称“血肠子病”。病羊临床表现为腹泻、惊厥、麻痹和突然死亡。

【病原】羊肠毒血症的病原是D型产气荚膜梭菌。

【流行特点】羊肠毒血症多发生于成年绵羊或羔羊，山羊较少发生，一般以2岁以下的幼龄羊较多见。常在春末夏初或秋末冬初饲料改变时诱发本病，多呈散发，在发病羊群内可流行1～2个月。

【临床症状】

（1）最急性型　突然大泻，倒卧在地，呼吸困难，磨牙，口鼻流血，口中流出大量涎液，稀便频繁、量多，四肢僵硬，痂痛，一般于1～2小时内哀叫死亡。

（2）急性型　急剧下痢，粪便呈黄棕色或暗绿色粥状，量多而臭，内含灰渣样料粒，迅速变稀，掺杂有血液和黏液，后全呈黑褐色稀水。行走时拉稀粪。肛门黏膜充血，变红，疝痛。后期表现为肌肉痉挛的神经症状。流涎，昏迷，角膜反射消失，通常在3～4小时内死去。体温一般不高，血、尿常规检查有血糖、尿糖升高现象。

【病理变化】脾脏肿大，质地松软。心包腔、腹腔、胸腔见有积液，心脏扩张，心内外膜有出血点。小肠呈轻度卡他性炎症。胸腺出血。脑膜血管怒张，血管周围水肿。

【防治措施】对于最急性型因病程短促，往往来不及治疗，或药效起作用之前即已死去，目前尚无良好办法。

（1）治疗　病程较缓病羊可用如下药物治疗。

青霉素80万～160万国际单位、链霉素50万～100万国际单位，肌内注射，8～12小时1次。

用磺胺咪8～12克、矽炭银10～20克，内服，每天2次。

当羊群出现病例多时，对未发病羊只可内服10％～20％石灰乳500～1000毫升进行预防。

（2）预防　在本病常发地区，每年4月注射羊快疫、羊猝狙、羊肠毒血症三联菌苗或羊快疫、羊猝狙、羊肠毒血症、羔羊痢疾四联菌苗或羊快疫、羊肠毒山症、羊猝狙、羔羊痢疾、羊黑疫五联苗，不论大小，一律皮下或肌内注射5毫升，2周后产生免疫力，保护期达半年。

九、巴氏杆菌病

巴氏杆菌病也称出血性败血病，是由多杀性巴氏杆菌引起的一种传染病。

【病原】病原为多杀性巴氏杆菌，革兰染色阴性。本菌对外界环境抵抗力低，在干燥空气中 2～3 天死亡，在血液、排泄物和分泌物中能存活 6～10 天。常用消毒药，如 1%～2%烧碱、5%福尔马林等，可在数分钟内将其杀死。

【流行特点】本病多为散发，圈舍通风不良、潮湿、拥挤，气候骤变、寒冷，饲料霉变、营养缺乏、长途运输等情况机体抵抗力下降时，病菌即可侵入机体内。病羊的排泄物、分泌物污染饲料、饮水、用具，经消化道传染给健康羊，也可经呼吸道而传染，经吸血昆虫叮咬以及皮肤、黏膜伤口均可发生传染。本病无明显的季节性，天气骤变、阴湿寒冷时多发，主要发生于断奶羔羊，也发生于 1 岁左右的绵羊，山羊较少见。

【临床症状】

（1）最急性　常见于哺乳羔羊，突然发病，有寒战、呼吸困难等症状，于数分钟至数小时内死亡。

（2）急性　精神沉郁，食欲废绝，体温升高至 41～42℃，咳嗽，鼻液混血，颈部、胸前部肿胀。初期便秘，后腹泻，有血便。常于重度腹泻后虚脱死亡，病程 2～5 天。

（3）慢性　病羊消瘦，不思饮食，腹泻。流黏脓性鼻液，咳嗽、呼吸困难，角膜炎，有时出现颈与胸下部水肿等症状。病程达 2～3 周或更长。

【病理变化】最急性剖检无特征病变，全身淋巴结肿胀，浆膜、黏膜有出血点。急性剖检可见颈、胸部皮下胶样水肿和出血，全身淋巴结（尤其咽喉、肺和肠系膜淋巴结）水肿、出血。上呼吸道黏膜充血、出血，有淡红色泡沫状液体。肺明显瘀血、水肿、出血，有多发性暗红色小梗死灶，中心呈灰白、灰黄色。肝水肿瘀血。皱胃和盲肠黏膜水肿、出血和溃疡。慢性型发生纤维素性肺炎。常有胸膜炎和心包炎。

【诊断】根据临床症状、病理变化作出初步诊断，从血液和脏器分离鉴定出巴氏杆菌以作出确诊。

【防治措施】

（1）治疗　发现病羊和可疑羊立即隔离治疗。庆大霉素、磺胺类药物有良好疗效。

（2）预防　加强饲养管理，避免羊受寒和过度拥挤，定期对羊舍及运动场进行消毒。

十、李氏杆菌病

李氏杆菌病是由产单核细胞李氏杆菌引起的一种急性或慢性传染病。

【病原】产单核细胞李氏杆菌是一种革兰阳性小杆菌，本菌对 pH 值 5.0 以下缺乏耐受性，对食盐和热耐受性强，一般消毒药易使其灭活。

【流行特点】本病可分为子宫炎型、败血型和脑炎型。在家畜中，绵羊的李氏杆菌病最为常见，并几乎全为脑炎型，各种年龄和性别的绵羊都可患病；败血型间或发生于10 日龄以下的羔羊；子宫炎型多发生于怀孕最后 2 个月的头胎绵羊。山羊的病型与绵羊相同。本病也发生于猪和家兔，其次为牛、家禽、犬和猫。人可感染发病。多散发性。许多野兽、野禽和啮齿动物尤其是鼠类都易感染，且常为本菌的贮存宿主。饲喂青贮饲料偶可引起本病。可通过消化道、鼻黏膜、眼结膜和受损伤的皮肤而感染。胎儿经脐静脉通过胎盘而感染。

【临床症状】

(1) 子宫炎型　常伴有流产和胎盘滞留。胎盘病变显著，绒毛上皮坏死，顶端附有内含细菌的脓性渗出物。在子宫内早期死亡的胎儿，常因自溶而掩盖了轻微的败血性病变。在子宫内后期死亡和流产的胎儿，常在肝脏、有时在脾脏和肺脏可见到粟粒性坏死灶。

(2) 脑炎型　头颈一侧性麻痹，弯向对侧；转圈运动；有的角弓反张、卧地、昏迷等。

(3) 败血型　精神沉郁，轻热，流涎、流鼻液，吃食、吞咽缓慢。病程短，死亡快。

【病理变化】脑炎型脑和脑膜充血、水肿，脑脊髓液增多并混浊。败血型见脾脏肿大、肝粟粒状坏死灶、心外膜出血、脑膜充血、出血性结膜炎和黏脓性的鼻炎。流产母羊胎盘发炎，子叶水肿，子宫内膜充血、出血、坏死。

【诊断】脑炎型李氏杆菌病，可根据典型的病理组织变化作出诊断。败血型李氏杆菌病的诊断，必须从病变脏器取材、培养、检查细菌。子宫炎型的诊断，只有在胎儿和胎膜中找到细菌才能确诊。

【防治措施】

（1）治疗　可用链霉素，病初也可大剂量应用广谱抗生素。

（2）预防　不从有病地区引入羊、牛或其他家畜。驱除鼠类和其他啮齿动物。本病可感染人，畜牧兽医人员应注意防护。

十一、衣原体病

衣原体病是由衣原体引起的绵羊、山羊的一种传染病。以发热、流产、死产和产出弱羔为特征。疾病流行期，部分羊表现多发性关节炎、结膜炎等症状。

【病原】衣原体为革兰染色阴性菌。衣原体抵抗力不强，0.1%福尔马林、0.5%石炭酸、70%酒精、3%氢氧化钠均能将其灭活。

【流行病学】患病动物和带菌动物为主要传染源，可通过粪便、尿、乳汁、痰液以及流产的胎儿、胎衣、羊水和生殖道分泌物排出病菌，污染水源、饲料及环境。衣原体可通过呼吸道、消化道、生殖道及损伤的皮肤、黏膜侵入机体而引发感染。各个年龄的羊均可感染衣原体，但羔羊感染后临床症状表现较重，甚至死亡。一年四季都有发生。母羊在产羔季节受到感染，并不出现症状，到下一个妊娠期才出现流产，所以羊衣原体在冬季和春季发病率较高。

【临床症状】主要有以下几种病型。

（1）流产型　流产多发生于孕期最后1个月，病羊流产、死产和产出弱羔，胎衣往往滞留，排流产分泌物可达数日之久。流产过的母羊一般不再流产。

（2）关节炎型　多发生于羔羊，引起多发性关节炎。病羔体温升至41～42℃，食欲丧失，离群，肌肉僵硬、疼痛，一肢或四肢跛行，体重减轻，病程2～4周。

（3）结膜炎型　结膜炎主要发生于绵羊特别是羔羊。病眼流泪，结膜充血、水肿，角膜混浊、糜烂、溃疡。眼睑肿胀，眼眶周围有浆液性或浆液脓性分泌物。部分病羔发生关节炎、跛行。病程一般6～10天或数周。

【病理变化】流产常发生在妊娠后期，胎羔较大，体外洁净。脐部和头部等处水肿，胸腔和腹腔积有多量红色渗出液。有的心包积液，脑膜出血。肝脏、脾脏营养不良，气管黏膜有瘀斑，心肺浆膜下出血。绒毛部分或全部坏死，绒毛尿囊膜胶冻状水肿、增厚、出血，上有小结节并布有蛋花样黄色覆盖物。胎羔胎盘子叶变性坏死。

【诊断】根据流行特点、临床症状和病理变化作出初步诊断。确诊需进行实验室检查。

【防治措施】

（1）治疗　可选用青霉素、四环素、红霉素等抗生素治疗。最好通过药敏试验，选择敏感药物治疗。

可肌内注射青霉素，每次160万～320万国际单位，每天2次，连用3天。也可将四环素族抗生素混于饲料，连用1～2周。

（2）预防　加强饲养卫生管理，消除各种诱发因素，防止寄生虫侵袭。本病流行地区，用羊流产衣原体灭活疫苗对母羊和种公羊进行免疫接种。

发生本病时，流产母畜及其所产羔羊应及时隔离。流产胎盘、产出死羔做无害化处理。污染的圈舍、场地等环境用2%氢氧化钠溶液、2%来苏尔溶液等进行彻底消毒。

十二、传染性胸膜肺炎

羊传染性胸膜肺炎又称羊支原体肺炎，是由多种支原体引起的一种高度接触性传染病，以高热、咳嗽、浆液性和纤维素性肺炎和胸膜炎为特征。

【病原】引起羊支原体肺炎的病原体包括丝状支原体山羊亚种、丝状支原体丝状亚种、山羊支原体山羊肺炎亚种和绵羊肺炎支原体。该类菌对理化因素的抵抗力不强。病原菌在腐败材料中可维持生活力3天，在干粪中经强烈日光照射后，仅维持活力8天。

【流行特点】本病可感染山羊和绵羊，3岁以下最易感。丝状支原体山羊亚种能自然感染山羊、绵羊，其中3岁以下的山羊最易感染；山羊支原体山羊肺炎亚种只感染山羊；绵羊肺炎支原体可感染绵羊和山羊。病羊是主要的传染源，病羊肺组织和胸腔渗出液中含有大量支原体，主要经呼吸道分泌物向外界排菌。耐过病羊体内病原体在相当长时间内排毒。本病常呈地方流行性，主要通过空气-飞沫经呼吸道传染。寒冷潮湿、羊群拥挤、营养不良等因素常诱发本病。

【临床症状】潜伏期平均为18～20天。根据病程和临床症状，可分为最急性、急性和慢性3型。

（1）最急性型　病初体温升高达 41～42℃，精神萎靡，食欲废绝，随后出现肺炎症状，呼吸困难，咳嗽，并流浆液带血鼻液，肺部叩诊呈浊音或实音。12～36 小时内，渗出液充满肺并进入胸腔，病羊卧地不起，四肢直伸，呼吸极度困难；黏膜高度充血，发绀；目光呆滞，不久窒息死亡。病程一般不超过 4～5 天。

（2）急性型　病初体温升高，随之出现短而湿的咳嗽，伴有浆性鼻涕。4～5 天后，干咳，鼻液转为黏液、脓性并呈铁锈色。病羊多在一侧出现胸膜肺炎变化，叩诊有实音区，听诊呈支气管呼吸音和摩擦音，触压胸壁，表现敏感、疼痛，高热稽留，眼睑肿胀，流泪或有黏液、脓性分泌物。腰背拱起，孕羊大批（70%～80%）流产。部分羊胃肠臌胀和腹泻，有些病例口腔溃烂，唇、乳房等部皮肤丘疹，极度衰弱，病羊濒死前体温降至常温以下，病期多为 7～15 天。

（3）慢性型　多见于夏季。全身症状轻微，体温 40℃左右。病羊间有咳嗽和腹泻，鼻涕时有时无，身体衰弱，被毛粗乱无光。

【病理变化】病变主要表现在胸腔，胸腔积有多量黄色胸水。胸膜变厚，表面粗糙不平，有的与胸壁粘连。多见一侧肺发生肝样病变。病肺呈红灰色，切面呈大理石样变化，肺小叶间质增宽，界线明显。支气管淋巴结、纵隔淋巴结肿大。

【诊断】可根据流行病学、临床症状和病理变化等作出初步诊断。确诊需进行实验室诊断。

【防治措施】

(1) 治疗　可选用新胂凡纳明（914）、红霉素、土霉素、四环素、氟苯尼考等药物治疗。

(2) 预防　防止引入病羊和带菌者。新引进羊只必须隔离检疫1个月以上，确认健康时方可混入大群。疫区的假定健康羊，每年进行疫苗接种。疫苗有山羊传染性胸膜肺炎氢氧化铝苗、绵羊肺炎支原体灭活苗。应根据当地病原体的分离结果，选择使用。

十三、羔羊痢疾

羔羊痢疾是以羔羊腹泻为主要特征的急性传染病，主要危害7日龄以内的羔羊，死亡率很高。

【病原】病原主要是大肠杆菌、沙门杆菌、魏氏梭菌、肠球菌等这些病原微生物混合感染或单独感染使羔羊发病。

传染途径主要通过消化道，但也可以通过脐带或伤口感染传播。

本病的发生和流行与妊娠母羊营养不良、羔羊护理不当、产羔季节气候突变、羊舍阴冷潮湿有很大的关系。

【临床症状】自然感染潜伏期为1～2天，病羔突然体温微升或正常，精神不振，行动不活泼，被毛粗乱，孤立在羊舍旁，低头弓背，眼睑肿胀，呼吸、脉搏增快，不久则发生持续性腹泻，粪便恶臭，开始糊状，后变为水样，含有气泡、黏液和血液，粪便颜色不一，有黄绿色、灰白色等。发病后期，常因虚弱、脱水、酸中毒而造成死亡。

病程一般 2～3 天。也有的病羊腹胀，只排少量稀粪，主要表现为神经症状，四肢瘫软，卧地不起，呼吸急促，口吐白沫，头向后仰，体温下降，最后昏迷死亡。

【防治措施】

（1）预防

① 要加强妊娠母羊及哺乳期母羊的饲养管理，保持妊娠母羊的良好体质；做好羔羊的接生和护理工作，保持产房清洁干燥，并经常消毒；做好冬春季节羔羊的保暖工作。

② 在羔羊痢疾经常发生的地区，可用羔羊痢疾菌苗给妊娠母羊进行 2 次预防接种，第 1 次在产前 20～30 天，皮下注射 2 毫升；第 2 次在产前 10～20 天，皮下注射 3 毫升，可获得 5 个月的免疫期。

③ 药物预防。在羔羊出生后 12 小时以内，用青霉素 40 万单位，肌内注射，每天 1 次，或口服土霉素每天 1 次，每次 0.15～0.2 克，连用 5～7 天，有一定的预防效果。

（2）治疗

① 对发病较慢，排稀粪的羔羊灌服 0.5%的福尔马林与 6%的硫酸镁溶液 30～60 毫升；6～8 小时后再灌服 0.1%的高锰酸钾 10～20 毫升，未痊愈的可以重复灌服高锰酸钾溶液 1～2 次。

腹泻严重的，可以口服恩诺沙星 0.1 克/千克体重，2 次/天，3～5 天；或者内服硫酸新霉素 30～50 毫克，3 次/天，连服 3～5 天。

② 对于腹痛不安、流涎不止的病羔羊，可以采取皮下注射0.05%硫酸阿托品0.2～0.3毫升；心脏衰竭的可皮下注射10%安钠咖0.5～1.0毫升；对呈兴奋状态的急性病例，可灌服水合氯醛0.1～0.2克；对于严重昏迷的病羔，试用朱砂0.3克、冰片0.09克、全蝎0.2克，温水灌服急救。

③ 对于严重脱水的病羔，可静脉注射5%葡萄糖生理盐水20～30毫升，或静脉滴注生理盐水250～300毫升，2次/天；有酸中毒症状时，输液中加入碳酸氢钠。

④ 用抗羔羊痢疾高免血清，对初生羔羊肌内注射0.5～1.0毫升，能起到保护作用；肌内注射3～10毫升，则能治疗有明显症状的病羔。

第三节　寄生虫病

一、片形吸虫病

本病是由肝片形吸虫和大片形吸虫寄生在羊的肝脏、胆管而引起的严重寄生虫病。病羊以肝炎和胆管炎为主要病症，此病可导致幼畜和绵羊大批死亡，慢性和隐性患病羊瘦弱、生产性能降低，损失严重。

【病原】肝片形吸虫背腹扁平如叶片状，新鲜虫体为棕红色。成虫一般长20～40毫米，宽5～13毫米；前端有三角形的头椎，椎底变宽形成“肩”，肩部以后逐渐变窄。体表被有小的皮棘。口吸盘位于头椎的前端，腹吸盘位于其稍后方，两吸盘之间有生殖孔。生殖系统为雌雄同体，2 个多分枝的睾丸，前后纵列于虫体的中后部。1 个呈鹿角状分枝的卵巢，位于腹吸盘后方的右侧。虫卵椭圆形、黄褐色，前端较窄有卵盖，后端较钝。卵内充满卵黄细胞，靠近卵盖的一侧有一胚细胞。虫卵大小为（130～150）微米×（60～90）微米。

大片形吸虫虫体较大，长 25～76 毫米、宽 5～12 毫米。头椎的底没有明显的“肩”，后端钝圆。腹吸盘较大。虫卵呈深黄色，大小为（144～196）微米×（70～109）微米。

【流行病学】肝片形吸虫呈世界性分布，是我国分布最广泛、危害最严重的寄生虫之一。遍及全国，但多呈地方性流行。大片形吸虫主要分布在热带和亚热带地区，在我国多见于南方诸省。

肝片形吸虫宿主范围广，主要寄生于绵羊、山羊、黄牛、水牛、牦牛等反刍动物，猪、马、驴、兔及一些野生动物也可感染，人也有被感染的报道。患病动物不断向外界排出大量虫卵，污染环境，成为本病的感染源。羊长时间停留在狭小且潮湿的牧地放牧时最易受到严重感染，舍饲的羊也可因采食从低洼、潮湿牧地割来的牧草而受感染。在我国南方地区由于气候温暖、雨量充足，感染时间没有明显的季节性。在北方感染的季节性较强，多发生在夏秋季节。

【临床症状】除幼畜外，轻度感染不表现临床症状。严重感染时（羊 50 条成虫以上）表现明显的临床症状。

此病绵羊最敏感，死亡率高。

（1）急性型　多发于夏末、秋和初冬，因短时间内遭受严重感染所致。病羊体温升高，衰弱，易疲劳，离群落后。叩诊肝区半浊音扩大，压痛明显。贫血，严重者在几天内死亡。

（2）慢性型　较多见于患羊耐过急性期或轻度感染后，在冬春转为慢性。病羊主要表现为消瘦，黏膜苍白，异嗜，被毛粗乱无光泽且易脱落，眼睑、颌下、胸前及腹下水肿。便秘与下痢交替发生，最后可因极度衰竭而死。

【病理变化】病理变化主要在肝脏，其变化程度与感染虫体强度及病程长短有关。在大量感染急性死亡的病例中，可见到急性肝炎和大出血后的贫血现象。肝肿大，包膜有纤维素沉积，有 2～5 毫米长的暗红色虫道。虫道内有凝固的血液和很小的幼虫。腹腔中有血色的液体，有腹膜炎病变。

慢性病例，主要呈现慢性增生性肝炎，肝组织被破坏的部位形成淡灰白色条索瘢痕，肝实质萎缩、褪色、变硬，边缘钝圆，小叶间结缔组织增生。胆管肥厚，呈绳索样突出于肝表面。胆管内壁粗糙，内含块状、粒状的磷酸盐结石。

病尸消瘦、贫血、水肿，胸腹腔及心包腔内蓄积透明渗出液。

【诊断】根据临床症状、流行病学资料等进行综合分析，可作出初步诊断。确诊需进行实验室诊断。

（1）治疗　治疗片形吸虫病的药物很多，可根据具体情况选用。

① 硝氯酚，粉剂，4～5毫克/千克体重，一次口服；针剂，0.75～1.0毫克/千克体重，深部肌内注射，适用于慢性病例。

② 丙硫苯咪唑，10～15毫克/千克体重，一次口服，不仅对成虫有效，而且对童虫也有一定的疗效。

③ 三氯苯唑（肝蛭净），8～12毫克/千克体重，一次口服，对成虫和童虫都有杀灭作用。

④ 碘醚柳胺（重碘柳胺），对驱除成虫和6～12周未成熟的肝片吸虫均有效。内服，7～12毫克/(千克体重·次)。

⑤ 溴酚磷（蛭得净），口服剂量12～16毫克/(千克体重·次)，对驱除成虫和幼虫均有很好的疗效。

（2）预防

① 加强管理。不要把羊舍建在低洼潮湿地区。尽量不在潮湿牧场上放牧。不让羊饮用池塘、沼泽、水潭及沟渠里的脏水和死水。在潮湿牧场上割草时，必须留茬高一些，否则，应将割回的牧草贮藏6个月以上才可饲用。

② 有计划地进行定期驱虫。一般每年应进行2次驱虫，一次在秋末冬初；另一次在翌年的春季。急性病例可随时驱虫。

③ 对病羊的粪便应经常用堆肥发酵的方法进行处理，杀死其中的虫卵，避免粪便散布虫卵。

④ 加强兽医卫生检验工作。对检查出严重感染的肝脏，应该全部废弃；对感染轻微的肝脏，应该废弃被感染

的部分。将废弃的肝脏进行煮沸，然后用作其他动物的饲料。防止病羊的肝脏散布病原体。

⑤ 消灭中间宿主。

二、歧腔吸虫病

本病是由矛形歧腔吸虫和中华歧腔吸虫寄生于羊的肝脏、胆管和胆囊内所引起的寄生虫病。以黏膜黄染、消化紊乱、水肿为主要特征。

【病原】矛形歧腔吸虫虫体扁平，呈矛形。新鲜虫体呈棕红色，透明。前端尖细，后部稍宽。大小为（6.67～8.34)毫米×(1.16～2.14)毫米。口吸盘位于虫体前端，其后紧随咽，下接食道和两支肠管，末端为盲端。腹吸盘位于体前部1/3处。睾丸两个，稍分叶或呈圆形，前后排列或略斜列，位于腹吸盘后方。卵巢圆形，位于后睾之后。卵黄腺在体中部两侧。虫体后部充满曲折的子宫，子宫分上行部分和下行部分，其区别在于下行部分虫卵未成熟，呈淡黄色；上行部分虫卵已成熟，呈深褐色。虫卵呈椭圆形，卵壳厚，有明显的卵盖，大小为（34～44)微米×(29～33)微米，内含毛蚴。

中华歧腔吸虫较宽扁，腹吸盘前方部分呈头锥状，其后两侧肩样突起。大小为（3.54～8.95)毫米×(2.03～3.09)毫米。睾丸两个，团块状或略有分瓣，左右并列于腹吸盘之后。虫卵为（45～51)微米×(30～33)微米。

【流行病学】多呈地方性流行。不同地带流行区有其不同的病原种类，除少数地区有混合流行情况外，大多数流行区只有一个病原种类。歧腔吸虫在发育过程中，需要两个中间宿主，第一中间宿主为陆地螺（蜗牛），第二中间宿主为蚂蚁。发病情况与中间宿主活动情况相一致。在温暖潮湿的南方地区，第一和第二宿主——蜗牛和蚂蚁可全年活动，动物几乎全年都可感染。而在寒冷干燥的北方地区，中间宿主需冬眠，动物的感染明显具有春秋两季特点，但动物发病多在冬春季节。动物随年龄的增加，感染率和感染强度逐渐增加。虫卵对外界环境抵抗力较强，在土壤和粪便中可存活数月。

【临床症状】轻度感染时，症状不明显；严重感染时，黏膜黄染，逐渐消瘦，颌下、胸下水肿，并可致死。歧腔吸虫在胆管和胆囊寄生，引起胆管卡他性炎症，胆管壁增生、肥厚。肝肿大，被膜肥厚。

【病理变化】肝肿大变硬。胆管扩张，管壁增厚，周围结缔组织增生。挤压切开的肝脏断面，常见从大、小胆管内流出多量黄白色脓性物，内含有大量不同发育阶段的虫体和虫卵。胆囊肿大，在胆汁内混有大量不同发育阶段的虫体和虫卵。

【诊断】结合流行病学和临床症状，粪便检查出虫卵，剖检获大量虫体，即可确诊。

【防治措施】

（1）治疗

病羊可用下列药物治疗。

海涛林（三氯苯丙酰嗪）：40～50毫克/千克体重，配成2%悬浮液，经口灌服。

吡喹酮：50～70毫克/千克体重，口服。

丙硫咪唑：30～40毫克/千克体重，口服。

六氯对二甲苯（血防846）：200～300毫克/千克体重，口服。

噻苯唑：150～200毫克/千克体重，口服。

（2）预防

① 定期预防性驱虫，一般在每年的秋末冬初驱虫1次，翌年的春季进行第2次驱虫。

② 粪便堆肥发酵处理，以杀灭虫卵；灭螺，灭蚁。

③ 加强饲养管理，选在开阔干燥的牧地上放牧。

三、莫尼茨绦虫病

莫尼茨绦虫病是扩展莫尼茨绦虫和贝氏莫尼茨绦虫寄生于羊的小肠中引起的一种寄生虫病。

【病原】在我国常见的莫尼茨绦虫病病原为扩展莫尼茨绦虫和贝氏莫尼茨绦虫。扩展莫尼茨绦虫和贝氏莫尼茨绦虫外观相似，头节小，近似球形，上有4个吸盘，无顶突和小钩，体节宽而短。成虫节内有两组雌雄生殖器官，每侧一组。卵巢和卵黄腺在两侧呈花环状。睾丸数百个，两侧分布多，中间分布较少。子宫呈网状。两种虫体成熟节片的后缘上均有节间腺。扩展莫尼茨绦虫的节间腺呈泡状，沿整个节片后缘分布；贝氏莫尼茨绦虫的节间腺呈短带状，位于节片后缘中央。扩展莫尼茨绦虫长可达10米，最宽处16毫米，乳白色，虫卵近似三角形；贝氏莫尼茨绦虫呈黄白色，长可达4米，最宽处

26 毫米。

虫卵内有梨形器，其内含六钩蚴。

【流行病学】莫尼茨绦虫主要危害1.5～8个月的羔羊，随着年龄的增加，羊的感染性和感染强度逐渐下降。

中间宿主为地螨。地螨种类多，有20余种地螨可作为莫尼茨绦虫的中间宿主，羊感染本病是由于吞食了含似囊尾蚴的地螨。地螨在富含腐殖质的林区、潮湿的牧地及草原上数量较多，而在开阔地及耕种的熟地里数量较少。地螨喜温暖与潮湿，在早晚或阴雨天气时，经常爬至草叶上；干燥或日晒时便钻入土中。地螨耐寒，可以越冬，春天气温回升后，地螨开始活动。

本病流行有明显的季节性，与地螨的分布和习性有密切的关系，各地的感染期也有不同。南方气温回升早，当年生的羔羊的感染高峰一般在4～6月。北方气温回升晚，感染高峰则一般在5～8月。

【发病机理】

（1）机械作用　莫尼茨绦虫为大型虫体，长达数米。大量寄生时，聚集成团，造成肠腔狭窄，影响食糜通过，可发生肠阻塞、肠套叠、扭转和破裂等。

（2）夺取营养　虫体在肠道中生长迅速，每昼夜可生长8厘米，从宿主夺取大量营养，影响幼畜生长发育，使之迅速消瘦、衰弱甚至死亡。

（3）毒素作用　虫体代谢产物和分泌的毒性物质被宿主吸收后，呈现中毒作用，使肠黏膜的完整性受到损害，引起继发感染。红细胞、血红蛋白显著降低，出现高度贫血现象。

【临床症状】本病主要危害幼畜，成年动物一般无临床症状。幼年羊精神不振，消瘦，离群，腹泻，粪中含黏液和孕节片，衰弱，贫血。有时有步样蹒跚、震颤等神经症状。后期，患羊仰头倒地，常做咀嚼动作，口周围有泡沫，衰竭而死。

【病理变化】尸体消瘦。可视黏膜苍白，稍黄染。肌肉色淡。心包腔、胸腔和腹腔内有多量较混浊的液体。心内外膜点状出血。心、肝、肾体积缩小，重量减轻，色淡黄。小肠腔里有成团的绦虫存在，肠黏膜呈卡他性炎症变化。大肠内有淡绿色液状粪便。有时可见肠阻塞、肠臌气或肠套叠。

【诊断】根据流行特点、临床症状和病理变化作出初步诊断，经节片检查、虫卵检查等确诊。

【防治措施】

(1) 治疗

① 硫双二氯酚：100 毫克/千克体重，一次口服。

② 氯硝柳胺：75～80 毫克/千克体重，制成 10%溶液灌服。

③ 吡喹酮：10～15 毫克/千克体重，一次口服，疗效较好。

(2) 预防　根据本病的流行季节，在流行地对羊进行成虫前驱虫，第 1 次驱虫后 2～3 周，再进行第 2 次驱虫。尽可能不在雨后、清晨和黄昏放牧。尽量选择高燥的放牧地。

四、棘球蚴病

棘球蚴病又称包虫病，是由棘球绦虫的中绦期寄生于人和动物体内引起的一种人兽共患寄生虫病。

【病原】羊的棘球蚴病是由犬细粒棘球绦虫的幼虫——细粒棘球蚴所致。

（1）成虫　细粒棘球绦虫很小，仅长2～7毫米，由一个头节和3～4个节片组成。头节有4个吸盘和1个顶突。顶突上有36～40个钩，排成两圈。节片内有一套生殖器官，雌雄同体，睾丸数35～55个，分布于节片中部的前方和后方。生殖孔位于体侧中央或中央偏后。孕节的子宫侧支为12～15对，其内充满虫卵，约为400～800个。虫卵大小为（32～36）微米×（25～30）微米，内含六钩蚴。

（2）幼虫　细粒棘球蚴常呈球形泡囊，但具体形状取决于所寄生的脏器。豌豆大到人头大。囊内充满液体。囊壁分两层，外层为角质层，内层为胚层。在囊内壁上生成数量不等的原头蚴，有的原头蚴可长成空泡，称为育囊。育囊可生长在胚层上或脱落下来漂浮在囊液中。母囊内还可生成与其结构相同的子囊，甚至孙囊。

终末宿主（犬、狼等）将虫卵和孕节随粪便排出体外，污染环境。虫卵对外界因素抵抗力较强，可存活很长时间而保持感染性；孕节可主动运动。中间宿主（牛、羊等）吞食虫卵后即可感染。在十二指肠内，六钩蚴从卵内孵出，钻入肠壁，经血流或淋巴散布到体内各处（尤以肝、肺两处为多见），缓慢地生长发育为棘球蚴。犬和其他肉食动物因吞食了含棘球蚴的脏器而感染。

【流行病学】细粒棘球蚴呈世界性分布。在我国，主要在西北地区流行，其他地区零星分布。本病的主要感染源为感染细粒棘球绦虫的犬。放牧的羊群与牧羊犬接触密切，吃到虫卵的机会多；人和动物感染细粒棘球蚴，与常接触患细粒棘球绦虫病的犬有直接关系。

【临床症状】棘球蚴的直接危害为机械性损害和毒素作用。机械性压迫引起周围组织萎缩和脏器功能障碍，严重者可致死。绵羊对棘球蚴比较敏感，死亡率高。严重感染者表现为被毛逆立，时常脱毛，肥育不良，消瘦，咳嗽，倒地不起。

【病理变化】幼畜受到轻度侵袭时，囊泡常见于肝，成年绵羊和牛则同时见于肝和肺。单个囊泡大多位于器官的浅表，凸出于器官的浆膜上。有时器官内有无数大小不同的囊泡。

【诊断】此病生前诊断较困难，只有在尸检时才能发现。结合症状和免疫学方法可初步诊断。

【防治措施】对犬进行定期驱虫。常用药物有吡喹酮（5毫克/千克体重，疗效100%）、氢溴酸槟榔碱（2毫克/千克体重）、盐酸丁奈脒（25毫克/千克体重）。驱虫后，特别要注意犬粪的无害化处理。

加强管理，捕杀野犬等肉食动物。防止环境被犬粪污染。注意个人卫生。

五、脑多头蚴病

脑多头蚴病又称脑包虫病，是由多头带绦虫的中绦期——脑多头蚴寄生于绵羊、山羊脑或脊髓内而引起的一种疾病。多见于 2 岁以下的绵羊。

【病原】

(1) 幼虫　脑多头蚴为乳白色囊状，囊内充满含有一些氨基酸和元素的液体。囊壁由两层膜组成，外膜为角质层，内膜为生发层，其上有 100～250 个原头蚴，每个原头蚴直径为 2～3 毫米。

(2) 成虫　多头带绦虫呈扁平带状，长 40～100 厘米，由 200～250 个节片组成，最大宽度为 5 毫米，头节上有 4 个吸盘，顶突上有 22～32 个小钩，排成两圈。孕节的子宫内充满虫卵，子宫侧支为 14～26 对。卵呈圆形，直径为 29～37 微米，内含六钩蚴。

【流行病学】本病分布很广，我国各地均有报告。西北、东北和内蒙古多呈地方性流行。2 岁前的羔羊多发。牧羊犬是主要传染源。成虫寄生于终宿主犬、狼、狐狸等肉食兽的小肠内，其孕节脱落后随粪便排出体外，虫卵逸出，污染草料或饮水，羊将其食入而发病。

【临床症状】疾病初期，六钩蚴的移行，机械地刺激和损伤宿主脑膜和脑实质，引起脑膜炎和脑炎。羊感染初期 1～3 周，体温升高，类似脑炎或脑膜炎症状。重症者常死亡。耐过转为慢性。羊感染 2～7 个月出现典型症状，表现为运动和姿势异常。症状取决于虫体的寄生部位：若压迫一侧大脑半球，则常向另一侧做转圈运动即回旋运动；若寄生于脑前部则可能头下垂，直向前运动，脱离羊群，难以回转，遇障碍物时头抵此物而呆立；当寄生于大脑后部时，头高举后仰或做后退运动，甚至倒地不起，头颈肌肉痉挛；寄生于小脑时，病羊神经过敏，易受惊，步态蹒跚，失去平衡。

【病理变化】急性死亡的病羊有脑膜炎与脑炎病变，还可见六钩蚴移行时的弯曲伤痕。慢性病例剖检时，可在脑或脊髓组织中找到1个或数个多头蚴囊泡。当其位于脑表面时，与之接触的头骨会变薄、变软，甚至使局部皮肤隆起。

【诊断】根据流行特点、特殊症状作出初步判断。剖检检查到虫体可以确诊。

【防治措施】

（1）治疗　对脑表层的虫体可施行外科手术摘除。药物治疗可用吡喹酮和丙硫苯咪唑，早期有较好效果。

（2）预防　对牧羊犬定期驱虫，排出的粪便或虫体应深埋或烧毁。防止犬或其他肉食兽食入带有多头蚴的羊、牛脑与脊髓。

第五章 普通病

第一节 产 科 病

一、流产

流产是指母羊妊娠中断，或胎儿不足月就排出子宫而死亡。流产分为小产、流产、早产。

【病因】流产的原因复杂，属传染性流产者，多见于布氏杆菌病、弯杆菌病、毛滴虫病。非传染性者，可见于子宫畸形、胎盘坏死、胎膜炎和羊水增多症等；内科病，如肺炎、肾炎、有毒植物中毒、食盐中毒等；外科病，如外伤、蜂窝织炎、败血症等。长途运输过于拥挤、水草供应不均、饲喂冰冻和发霉饲料，也可导致流产。

【临床症状】突然发生流产者，产前一般无特征表现。发病缓慢者，表现精神不佳，食欲停止，腹痛起卧，努责咩叫，阴户流出羊水，待胎儿排出后稍为安静。若在同一群中病因相同，则陆续出现流产，直至受害母羊流产完毕，方能稳定下来。外伤性致病，可使羊发生隐性流产，即胎儿不排出体外，溶解物排出子宫外，或形成胎骨在子宫内残留，由于受外伤程度的不同，受伤的胎儿常因胎膜出血、剥离，于数小时或数天排出。

【防治措施】加强饲养管理，重视传染病的防治，据流产发生原因，采取有效防治措施。对于已排出了不足月胎儿或死亡胎儿的母羊，一般需加强饲养。对有流产先兆的母羊，可用黄体酮注射液 2 支（每支含 15 毫克），1 次肌内注射。死胎滞留时，应采用引产或助产措施。胎儿死亡，子宫颈未开时，应先肌内注射雌激素（如己烯雌酚或苯甲酸雌二醇）2～3 毫克，使子宫颈开张，然后从产道拉出胎儿，母羊出现全身症状时，应对症治疗。

二、胎衣不下

胎衣不下是指孕羊产后 4～6 小时，胎衣仍排不下来的疾病。

【病因】孕羊缺乏运动，饲料中缺乏维生素，饮饲失调，体质虚弱。子宫炎、布氏杆菌等也可导致此病。

【临床症状】病羊拱腰努责，食欲降低或废绝，喜卧地，体温升高，呼吸脉搏增快。胎衣久久滞留不下，可腐败，从阴户中流出污红色恶露，其中杂有灰白色未腐败的胎衣碎片。全部胎衣不下时，部分胎衣从阴户垂露于后肢跗关节部。

【防治措施】预防本病，可用亚硒酸钠维生素 E 注射液，在妊娠期肌内注射 3 次，每次 0.5 毫升。

病羊分娩后不超过 24 小时的，可应用马来酸麦角新碱 0.5 毫克，1 次肌内注射；垂体后叶素注射液或催产素注射液 0.8～1.0 毫升，1 次肌内注射。

三、子宫炎

羊子宫炎是由于分娩、助产、子宫脱、阴道脱、胎衣不下、腹膜炎、胎儿死于腹中等导致细菌感染而引起的子宫黏膜炎症。

【诊断要点】该病临床诊断可见急性和慢性两种，按其病程发炎性质可分为卡他性、出血性和化脓性子宫炎。

（1）急性　初期病羊食欲减少，精神欠佳，体温升高。因有疼痛反应而磨牙、呻吟，前胃弛缓，弓背，努责，时时做排尿姿势，阴户内流出污红色内容物。

（2）慢性　病情较急性轻微，病程长，子宫分泌物量少，如不及时治疗可发展为子宫坏死，继而全身状况恶化，发生败血症或脓毒败血症。有时可继发腹膜炎、肺炎、膀胱炎、乳房炎等。

【治疗】清洗子宫，用 0.1%高锰酸钾溶液或协尔兴（含 2%氧氟沙星）溶液 300 毫升，灌入子宫腔内，然后用虹吸法排出灌入子宫内的消毒溶液，每天 1 次，可连用 3～4 次。

第二节　内　科　病

一、羊口炎

羊口炎是羊的口腔黏膜表层和深层组织的炎症。

【病因】原发性口炎多由外伤引起；继发性口炎则多

发生于羊患口疮、口蹄疫、羊痘、霉菌性口炎、过敏反应和羔羊营养不良时。

【临床症状】病羊食欲下降，口内流涎，咀嚼缓慢，欲吃而不敢吃。继发细菌时有口臭。

（1）卡他性口炎　病羊口黏膜发红、充血、肿胀、疼痛，唇内、齿龈、颊部明显。

（2）水疱性口炎　病羊的上下唇内有很多大小不等的充满透明或黄色液体的水疱。

（3）溃疡性口炎　在黏膜上出现溃疡性病灶，口内恶臭，体温升高。

各类型口炎可单独出现，也可相继发生。

【防治措施】

（1）预防　加强管理，防止外伤性原发口炎，传染病并发口炎者应隔离消毒。饲槽、饲草可用2%的碱水刷洗消毒。

（2）治疗　轻度口炎病羊可用0.1%高锰酸钾、0.1%雷夫奴尔水溶液、3%硼酸水等反复冲洗口腔，洗后涂碘甘油，每天1～2次，直至痊愈；口腔黏膜溃疡时，可用5%碘酊、碘甘油、龙胆紫溶液、磺胺软膏等涂拭患部；病羊体温升高，继发细菌感染时，可用青霉素40万～80万单位、链霉素100万单位，肌内注射，每天2次，连用2～3天。

二、胃肠炎

【病因】饲料不洁或霉变、过食精料，受了风寒，长期饲喂含水量高的青草，肠道寄生虫等因素均可致病，也可因其他疾病继发。

【临床症状】病羊食欲减退，腹痛腹泻，排粪次数增多，拉出的粪便稀而臭，稀粪污染肛门、尾、臀部。重病羊，脱水现象加剧，卧地不起，精神萎靡，若不及时治疗会衰竭而死。

【治疗】

① 口服0.5%痢菌净液50～100毫升。

② 灌服止泻痢粉8～15克/次，2次/天。

③ 静脉注射5%葡萄糖生理盐水500毫升，庆大霉素3支×8万单位、维生素C 2毫升。

三、前胃迟缓

【病因】长期饲喂难消化的饲草如秸秆、豆秸等；突然更换饲养方法如给精料太多、运动不足等；饲料品质不良如霉败、冰冻等可导致发病。长期饲喂单调、无刺激的饲料如麸皮、豆面、酒糟等，瘤胃臌气、瘤胃积食、肠炎等也可以继发本病。

【临床症状】

（1）急性　羊食欲废绝，反刍停止，瘤胃蠕动力量减弱，或停止，胃内容物腐败发酵，产生大量气体，左腹增大。

（2）慢性　病羊精神沉郁，喜欢卧地，被毛粗乱，食欲减退，体温、呼吸、脉搏无变化，但瘤胃蠕动力量减弱，次数减少。

【治疗】消除病因，以缓泻、止酵、兴奋瘤胃蠕动为主。

先禁食1～2天，每天按摩瘤胃数次，每次10～20分钟，然后供给易消化的饲料，少量多次。

药物疗法，一般先用泻药，再用瘤胃兴奋剂，防止胃内容物发酵。

泻剂可用硫酸镁20～30克（成年羊）或人工盐20～30克、石蜡油100～200毫升、番木鳖酊2毫升、大黄酊10毫升，加水500毫升，一次灌服。

瘤胃兴奋剂，可用2%毛果芸香碱1毫升，皮下注射，防止酸中毒，可以加服碳酸氢钠10～15克，后期用各种健胃药，如内服人工盐、酵母片等。

四、瘤胃臌气

【病因】羊吃了大量易发酵的饲草、饲料，如幼嫩多汁的青草，或霜冻的饲料、酒糟、霉败变质的饲料，或抢食精料过多时，均可导致瘤胃内容物大量产气。

【临床症状】发病后可见病羊左肷部膨胀，叩击时呈鼓音，羊表现不安、拱背、回头顾腹、咩叫、两后肢不时地踏动。

【治疗】救治时以排除瘤胃内气体，制止瘤胃内容物进一步发酵产气为主。

（1）放气　对于急性的瘤胃臌气，及时放气排气是缓解症状的一种重要方法。可用瘤胃穿刺放气法或胃导管放气法。

（2）制止发酵　放气后，顺便注入0.5%普鲁卡因青霉素80万～240万单位，或酒精20～30毫升。也可灌服豆油、花生油、棉籽油50～100毫升。

（3）排除瘤胃内容物　可灌服泻剂硫酸钠或硫酸镁50～100克，或植物油100～250毫升，让胃肠内容物尽快排出。

五、瘤胃积食

【病因】喂食精料过量，又大量饮水导致饲料膨胀而发病，也可由前胃弛缓、瓣胃阻塞等病继发。

【临床症状】病羊腹围膨大，左肷充满，拱腰低头，摇尾顾腹不安，食欲废绝，反刍停止，体温正常，呼吸困难，严重病羊呈急性，往往因脱水及酸中毒而死亡。

【治疗】

① 洗胃法。将胃导管插入瘤胃中，外导管放低让胃内容物外流，如遇外流不畅，可灌入适量温水并用手按摩瘤胃部，可使外流通畅；如此反复数次后，再灌入50片苏打片。

② 灌服大黄苏打片50片×0.3克、鱼石脂2克、陈皮酊30毫升、石蜡油150毫升。

③ 每天多次瘤胃按摩，每次30分钟，促进瘤胃蠕动。

④ 用药物疗法无效时，应做瘤胃切开术。

第三节　其他疾病

一、维生素A缺乏症

是由维生素A或其前体胡萝卜素缺乏或不足而引起

的一种营养代谢病。多发于初春、秋末和冬季。主要因长期舍饲或冬春季节青绿饲料不足而导致发病。

【病因】

① 饲料收割、加工、储存不当，烈日暴晒饲料以及存放过久、陈旧变质；长期饲喂维生素 A 缺乏的饲料（如棉籽饼、干谷、马铃薯等）。

② 对维生素 A 或胡萝卜素的吸收、转化、储存、利用发生障碍。

③ 对维生素 A 的需要量增多，可引起维生素 A 相对缺乏，如妊娠和哺乳母羊以及生长发育快速的羔羊，对维生素 A 的需要量增加。

④ 消耗增多，如长期腹泻、患热性疾病的羊，维生素 A 的排出和消耗增多。

【临床症状】病羊畏光，视力减退，甚至失明。角膜增厚，结膜细胞萎缩，眼干燥。呼吸道黏膜上皮变性，分泌功能降低，易继发或并发传染病。

【防治措施】

(1) 治疗　补充富含维生素 A 及胡萝卜素的饲料，增加日粮中黄玉米、胡萝卜、鱼粉和三叶草等的配比。辅以药物治疗，在日粮中加入青饲料和鱼肝油，可迅速治愈。鱼肝油的口服剂量为 20～50 毫升。亦可用维生素 A 注射液进行肌内注射，用量为 2.5 万～3 万国际单位。

(2) 预防改善饲养，配合日粮时，须考虑维生素 A 的含量，每千克体重供给胡萝卜素 0.1～0.4 毫克；妊娠母羊要特别重视供给青绿饲料，冬季要补充青干草、青贮料或胡萝卜；有条件的可喂部分发芽豆谷，适当运动，多晒太阳。

二、食盐中毒

适量的食盐能维持动物体内正常的水盐代谢，并可增强食欲和促进胃肠活动，但过量则可引发中毒。资料表明，成年羊食盐的致死量是125～250克。羊发生食盐中毒或致死并不单纯取决于食盐的食入量，还取决于羊饮水是否充足。如果羊一时食入的食盐太多，但同时又饮用了大量水，则不一定会发生中毒；相反，如果食入的食盐过多，又缺乏饮水，那么中毒的机会就会加大。

【临床症状】羊发生食盐中毒的主要症状是口渴，饮欲大增，呼吸迫促，眼结膜潮红充血，视力模糊或失明，肌肉发生震颤与痉挛，最后倒地，四肢不规则地划动，昏迷而死。

【病理变化】脑膜和脑内充血与出血，胃肠黏膜潮红、出血或有水肿。

【防治措施】在中毒早期可用含5%葡萄糖的生理盐水500毫升静脉注射，并内服蓖麻油150～200毫升。但中毒严重的很难救治。

三、外伤

羊发生外伤后应及时止血、清创、消毒、缝合、包扎，以防化脓。

（1）止血　用压迫法或注射止血药来制止出血，以免失血过多。

（2）清创　在创伤周围剪毛、清洗、消毒，清除创腔内的异物、血块及挫灭组织，然后用呋喃西林、高锰酸钾溶液等反复冲洗创腔，直到冲洗干净为止，并用灭菌纱布蘸干残留药液。

（3）消毒　不能缝合且较严重的外伤，应撒布适量青霉素、链霉素等抗生素药品，防止感染。

附录1

无公害食品肉羊饲养允许使用的抗寄生虫药、抗菌药及使用规定见附表1。

附表1　无公害食品肉羊饲养允许使用的抗寄生虫药、抗菌药及使用规定

类别	名称	制剂	用法与用量（用量以有效成分计）	休药期/天
抗寄生虫药	阿苯达唑	片剂	内服，一次量，10～15毫克/千克体重	7
	双甲脒	溶液	药浴、喷洒、涂刷、配成0.025%～0.05%的乳液	21
	溴酚磷	片剂、粉剂	内服，一次量，12～16毫克/千克体重	21
	氯氰碘柳胺钠	片剂	内服，一次量，10毫克/千克体重	28
		注射液	皮下注射，一次量，5毫克/千克体重	28
		混悬液	内服，一次量，10毫克/千克体重	28
	溴氰菊酯	溶液剂	药浴，5～15毫克/升水	7
	三氮脒	注射用粉针	肌内注射，一次量，3～5毫克/千克体重，临用前配成5%～7%溶液	28
	二嗪农	溶液	药浴，初液，250毫克/升水；补充液，750毫克/升水（均按二嗪农计）	28
	非班太尔	片剂、颗粒剂	内服，一次量，5毫克/千克体重	14
	芬苯达唑	片剂、粉剂	内服，一次量，5～7.5毫克/千克体重	6
	伊维菌素	注射剂	皮下注射，一次量，0.2毫克（相当于200U）/千克体重	21
	盐酸左旋咪唑	片剂	内服，一次量，7.5毫克/千克体重	3
		注射剂	皮下、肌内注射，7.5毫克/千克体重	28
	硝碘酚腈	注射液	皮下注射，一次量，10毫克/千克体重；急性感染，13毫克/千克体重	30

续表

类别	名称	制剂	用法与用量（用量以有效成分计）	休药期/天
抗寄生虫药	吡喹酮	片剂	内服，一次量，10～35毫克/千克体重	1
	碘醚柳胺	混悬液	内服，一次量，7～12毫克/千克体重	60
	噻苯咪唑	粉剂	内服，一次量，50～100毫克/千克体重	30
	三氯苯唑	混悬液	内服，一次量，5～10毫克/千克体重	28
抗菌药	氨苄西林钠	注射用粉针	肌内、静脉注射，一次量，10～20毫克/千克体重	12
	苄星青霉素	注射用粉针	肌内注射，一次量，3万～4万单位/千克体重	14
	青霉素钾	注射用粉针	肌内注射，一次量，2万～3万单位/千克体重，每天2～3次，连用2～3天	9
	青霉素钠	注射用粉针	肌内注射，一次量，2万～3万单位/千克体重，每天2～3次，连用2～3天	9
	硫酸小檗碱	粉剂	内服，一次量，0.5～1克	0
		注射液	肌内注射，一次量，0.05～0.1克	0
	恩诺沙星	注射液	肌内注射，一次量，2.5毫克/千克体重，每天1～2次，连用2～3天	14
	土霉素	片剂	内服，一次量，羔，10～25毫克/千克体重（成年反刍兽不宜内服）	5
	普鲁卡因青霉素	注射用粉针	肌内注射，一次量，2万～3万单位/千克体重，每天1次，连用2～3天	9
		混悬液	肌内注射，一次量，2万～3万单位/千克体重，每天1次，连用2～3天	9
	硫酸链霉素	注射用粉针	肌内注射，一次量，10～15毫克/千克体重，每天2次，连用2～3天	14

附录 2

附表 2　农业部公布的食品动物禁用兽药及其他化合物清单

序号	兽药及其他化合物名称	禁止用途	禁用动物
1	β受体兴奋剂类:克仑特罗、沙丁胺醇、西马特罗及其盐、酯及制剂	所有用途	所有食品动物
2	性激素类:己烯雌酚及其盐、酯及制剂	所有用途	所有食品动物
3	具有雌激素样作用的物质:玉米赤霉醇、去甲雄三烯醇酮、醋酸甲孕酮及制剂	所有用途	所有食品动物
4	氯霉素及其盐、酯(包括琥珀氯霉素)	所有用途	所有食品动物
5	氨苯砜及制剂	所有用途	所有食品动物
6	硝基呋喃类:呋喃唑酮、呋喃它酮、呋喃苯烯酸钠及制剂	所有用途	所有食品动物
7	硝基化合物:硝基酚钠、硝呋烯腙及制剂	所有用途	所有食品动物
8	催眠、镇静类:安眠酮及制剂	所有用途	所有食品动物
9	林丹(丙体六六六)	杀虫剂	水生食品动物
10	毒杀芬(氯化烯)	杀虫剂、清塘剂	水生食品动物
11	呋喃丹(克百威)	杀虫剂	水生食品动物
12	杀虫脒(克死螨)	杀虫剂	水生食品动物
13	双甲脒	杀虫剂	水生食品动物
14	酒石酸锑钾	杀虫剂	水生食品动物
15	锥虫胂胺	杀虫剂	水生食品动物
16	孔雀石绿	抗菌、杀虫剂	水生食品动物
17	五氯酚酸钠	杀螺剂	水生食品动物
18	各种汞制剂,包括氯化亚汞(甘汞)、硝酸亚汞、醋酸汞、吡啶基醋酸汞	杀虫剂	动物
19	性激素类:甲基睾丸酮、丙酸睾酮、苯丙酸诺龙、苯甲酸雌二醇及其盐、酯及制剂	促生长	所有食品动物
20	催眠、镇静类:氯丙嗪、地西泮(安定)及其盐、酯及制剂	促生长	所有食品动物
21	硝基咪唑类:甲硝唑、地美硝唑及其盐、酯及制剂	促生长	所有食品动物

附录3

生产绿色食品不应使用的药物目录

（摘自绿色食品兽药使用准则 NY/T 472—2013）

附表3　生产绿色食品不应使用的药物目录

序号	种类		药物名称	用途
1	β受体激动剂类		克仑特罗、沙丁胺醇、莱克多巴胺、西马特罗、特布他林、多巴胺、班布特罗、齐帕特罗、氯丙那林、马布特罗、西布特罗、溴布特罗、阿福特罗、福莫特罗、苯乙醇胺A及其盐、酯及制剂	所有用途
2	激素类	性激素类	己烯雌酚、己烷雌酚及其盐、酯及制剂	所有用途
			甲基睾丸酮、丙酸睾酮、苯丙酸诺龙、雌二醇、戊酸雌二醇、苯甲酸雌二醇及其盐、酯及制剂	促生长
		具雌激素样作用的物质	玉米赤霉醇类药物、去甲雄三烯醇酮、醋酸甲孕酮及制剂	所有用途
3	催眠、镇静类		安眠酮及制剂	所有用途
			氯丙嗪、地西泮（安定）及其盐、酯及制剂	促生长
4	抗菌药类	氨苯砜	氨苯砜及制剂	所有用途
		酰胺醇类	氯霉素及其盐、酯［包括：琥珀氯霉素］及制剂	所有用途
		硝基呋喃类	呋喃唑酮、呋喃西林、呋喃妥因、呋喃它酮、呋喃苯烯酸钠及制剂	所有用途
		硝基化合物	硝基酚钠、硝呋烯腙及制剂	所有用途
		磺胺类及其增效剂	磺胺噻唑、磺胺嘧啶、磺胺二甲嘧啶、磺胺甲噁唑、磺胺对甲氧嘧啶、磺胺间甲氧嘧啶、磺胺地索辛、磺胺喹噁啉、三甲氧苄氨嘧啶及其盐和制剂	所有用途
		喹诺酮类	诺氟沙星、氧氟沙星、培氟沙星、洛美沙星及其盐和制剂	所有用途
		喹噁啉类	卡巴氧、喹乙醇、喹烯酮、乙酰甲喹及其盐、酯及制剂	所有用途
		抗生素类	抗生素类	所有用途

续表

序号	种类		药物名称	用途
5	抗寄生虫类	苯并咪唑类	噻苯咪唑、阿苯咪唑、甲苯咪唑、硫苯咪唑、磺苯咪唑、丁苯咪唑、丙氧苯咪唑、丙噻苯咪唑(CBZ)及制剂	所有用途
		抗球虫类	二氯二甲吡啶酚、氨丙啉、氯苯胍及其盐和制剂	所有用途
		硝基咪唑类	甲硝唑、地美硝唑、替硝唑及其盐、酯及制剂等	促生长
		氨基甲酸酯类	甲奈威、呋喃丹(克百威)及制剂	杀虫剂
		有机氯杀虫剂	六六六(BHC)、滴滴涕(DDT)、林丹(丙体六六六)、毒杀芬(氯化烯)及制剂	杀虫剂
		有机磷杀虫剂	敌百虫、敌敌畏、皮蝇磷、氧硫磷、二嗪农、倍硫磷、毒死蜱、蝇毒磷、马拉硫磷及制剂	杀虫剂
		其他杀虫剂	杀虫脒(克死螨)、双甲脒、酒石酸锑钾、锥虫胂胺、孔雀石绿、五氯酚酸钠、氯化亚汞(甘汞)、硝酸亚汞、醋酸汞、吡啶基醋酸汞	杀虫剂
6	抗病毒类药物		金刚烷胺、金刚乙胺、阿昔洛韦、吗啉(双)胍(病毒灵)、利巴韦林等及其盐、酯及单、复方制剂	抗病毒
7	有机胂制剂		洛克沙胂、氨苯胂酸(阿散酸)	所有用途

参 考 文 献

[1] 赵有璋．羊生产学．第2版．北京：中国农业出版社，2002.
[2] 王清义，汪植三，王占彬主编．中国现代畜牧业生态学．北京：中国农业出版社，2008.
[3] 包军．家畜行为学．北京：高等教育出版社，2008.
[4] 刘继军，贾永全．畜牧场规划设计．北京：中国农业出版社，2008.
[5] 李如治．家畜环境卫生学．第3版．北京：中国农业出版社，2003.